铸造粘土旧砂
完全再生技术

孙清洲　许荣福　张普庆　著

机 械 工 业 出 版 社

本书在对粘土旧砂性能进行深入分析的基础上，对粘土旧砂完全再生技术进行了深入研究。通过系统试验和理论分析，阐明了粘土旧砂完全再生的工艺路线、适宜的再生方法、脆化旧砂冷却方法、再生砂微粉分离方法及相关工艺参数；揭示了粘土完全再生砂在不变体系和变体系条件下混制化学粘结剂型（芯）砂时的工艺适应性。从对粘土完全再生砂表面物理化学特性的深入分析入手，对含冷芯盒树脂砂芯砂粘土砂的完全再生砂进行了改性研究，探索了一条提高粘土完全再生砂铸造工艺性能的方法和途径。介绍了粘土旧砂完全再生成套工艺设备的设计方法。

本书直面铸造生产中大量粘土废砂排放所带来的污染问题，探索了一条通过粘土旧砂完全再生以减少废砂排放的方法，可以指导铸造工作者开展粘土旧砂再生工作，也可作为高等学校和科研院所的教学参考书和技术参考书。

图书在版编目（CIP）数据

铸造粘土旧砂完全再生技术/孙清洲，许荣福，张普庆著.—北京：机械工业出版社，2015.12
ISBN 978-7-111-52345-1

Ⅰ.①铸…　Ⅱ.①孙…②许…③张…　Ⅲ.①铸造-粘土砂-废物综合利用　Ⅳ.①X757.05

中国版本图书馆 CIP 数据核字（2015）第 301097 号

机械工业出版社（北京市百万庄大街 22 号　邮政编码 100037）
策划编辑：何月秋　责任编辑：何月秋　王彦青
版式设计：霍永明　责任校对：刘志文
责任印制：乔　宇
北京铭成印刷有限公司印刷
2016 年 1 月第 1 版第 1 次印刷
148mm×210mm · 4.625 印张 · 1 插页 · 114 千字
0001—2000 册
标准书号：ISBN 978-7-111-52345-1
定价：39.00 元

凡购本书，如有缺页、倒页、脱页，由本社发行部调换

电话服务	网络服务
服务咨询热线：010-88361066	机工官网：www.cmpbook.com
读者购书热线：010-68326294	机工官博：weibo.com/cmp1952
010-88379203	金书网：www.golden-book.com
封面无防伪标均为盗版	教育服务网：www.cmpedu.com

序

铸造是机械零件生产的重要方法，铸造行业在国民经济发展中扮演着重要角色。铸造行业在对国民经济发展做出贡献的同时，其生产过程中产生的固体废弃物污染、烟尘污染、噪声污染等问题也倍受政府及行业内部的关注。

粘土砂铸造是目前应用最广泛的铸件生产方法，除生产出了占我国铸件总产量60%左右的铸件之外也产生了大量的粘土废砂，成为铸造车间固体废弃物的主要组成部分。解决粘土旧砂的再生问题对于减少铸造生产过程中固体废弃物的排放量和新砂的用量、保护自然资源和环境，具有重要的现实意义。

山东建筑大学孙清洲教授带领的课题组长期从事铸造旧砂再生技术的研究，取得了一系列重要成果，现将其研究成果写成《铸造粘土旧砂完全再生技术》出版，宣传粘土旧砂再生技术，和广大铸造工作者共享粘土旧砂再生的研究成果，对粘土旧砂再生技术在铸造行业的推广应用具有积极的意义。

中国科学院院士、中国材料研究学会副理事长

魏炳波

前　言

铸造是机械零件制造最基本的方法，是装备制造业重要的组成部分，在国民经济发展中扮演着重要的角色。新中国成立以来，特别是改革开放以来，我国的铸造技术及铸造装备水平得到了迅速提高，铸件年产量不断增长，已连续十余年成为世界第一铸件生产大国，2013 年我国铸件年产量达到了 4450 万 t。同时也必须清醒地看到，我国的吨铸件能耗、吨铸件固体废弃物排放量、单位面积铸件产量、工作人员劳动生产率等技术经济指标和发达国家相比还有一定的差距，从铸件生产大国到铸造强国仍有一段路要走，因此作为一名多年从事铸造专业教学及科研工作的教育工作者，有义务对铸造行业普遍关注的一些热点及难点问题开展研究工作，为推动铸造行业的技术进步尽一份微薄之力。

粘土砂工艺、树脂砂工艺和水玻璃砂工艺通称为三大砂型铸造工艺。由砂型铸造工艺生产的铸件约占我国铸件总产量的 80% ~90% 。砂型铸造过程中所产生的废砂成为铸造固体废弃物的主要来源。20 世纪末，作者选择了铸造行业关注度较高的铸造旧砂再生问题作为科研工作的重要研究方向之一，先后对树脂旧砂热法再生技术、水玻璃旧砂加热脆化机械再生技术及粘土旧砂完全再生技术进行了较系统的研究。本书将粘土旧砂完全再生技术领域所取得的研究成果结集出版，希望和广大铸造工作者及从事铸造教学及科研工作的学者共享。

本书共分为 7 章。第 1 章绪论，介绍了粘土砂铸造、粘土旧砂的性能及特点、粘土旧砂再生技术的发展、粘土旧砂再生的意义。

第 2 章粘土旧砂完全再生的工艺方法及工艺参数，介绍了脆化温度、脆化时间对粘土再生砂微粉去除率的影响规律，冷却方法对砂子粒度及粒形的影响规律，磨轮再生、逆流转子再生、气流再生、振动再生对粘土旧砂完全再生工艺的适应性及磨轮再生、逆流转子再生和粘土再生砂微粉分离的工艺参数。

第 3 章不变体系条件下粘土完全再生砂的铸造工艺性能，介绍了在不变体系条件下，用粘土完全再生砂混制覆膜砂、热芯盒树脂砂、冷芯盒树脂砂、酸固化自硬树脂砂、酯硬化水玻璃砂时的铸造工艺性能。

第 4 章变体系条件下粘土完全再生砂的铸造工艺性能，介绍了在变体系条件下，用粘土完全再生砂混制覆膜砂、热芯盒树脂砂、冷芯盒树脂砂、酸固化自硬树脂砂、酯硬化水玻璃砂时的铸造工艺性能。

第 5 章粘土完全再生砂改性技术初探，介绍了影响粘土完全再生砂铸造工艺性能的因素，粘土完全再生砂的改性、粘土完全再生砂改性后的铸造工艺性能。

第 6 章粘土旧砂高温脆化装置设计和第 7 章粘土旧砂完全再生其他工艺设备设计，介绍了粘土旧砂高温脆化装置、脆化旧砂冷却装置、多排磨轮再生机及微粉分离装置的工作原理、设计步骤及设计计算。

本书在写作过程中参考了大量资料，已在参考文献中予以列出。作者对粘土旧砂完全再生技术的研究历经十余年，三次得到了山东省科技发展计划（2005GG3206092、2010GSF10611、2014GSF116022）

的支持，先后培养硕士研究生 8 名，本科生 30 多名，张艳、张维义、许荣福、井建、王健、靳立、闫敬光、杜航、郝学杰等在读研期间做了大量的研究工作，对粘土旧砂完全再生技术的研究做出了贡献，在此一并表示感谢。

由于著者写作水平有限，错误之处在所难免，敬请读者批评指正。

目　录

第1章 绪论

1.1 粘土砂铸造

根据出土文物考证和文献记载，我国的铸造技术已有6000余年的悠久历史，是世界上较早掌握铸造技术的文明古国之一[1]。现阶段的铸造行业已经成为机械制造工业必不可少的基础行业，铸造技术的成就推动了机械制造、航空航天、兵器制造、交通运输、石油化工等领域的科技进步。据美国铸造杂志《Modern Casting》公布的数据，2013年我国各类铸件总产量为4450万吨[2]，已连续十余年位居世界铸件年产量第一，并有大量的铸件出口，成为名副其实的铸件生产大国。纵览铸件生产的各种工艺方法，砂型铸造仍然是最常用的铸造工艺方法，由砂型铸造工艺生产的铸件约占我国铸件总产量的80%~90%[3]。粘土砂铸造工艺、树脂砂铸造工艺和水玻璃砂铸造工艺通称为三大砂型铸造工艺。在三大砂型铸造工艺中，由粘土砂铸造工艺生产的铸件超过由树脂砂铸造工艺及水玻璃砂铸造工艺生产铸件的总和，成为最常用的砂型铸造工艺方法。

粘土砂铸造工艺是由粘土型砂为造型材料的铸造工艺方法。型砂由砂、粘土、水和附加材料按照一定比例混制而成。砂子为耐火骨料，粘土（膨润土）为粘结剂，和水结合发挥粘结作用，附加材料用于改善型砂的某些铸造工艺性能。粘土砂的性能要求、应用条件与造型方法有密切关系，按照是否烘烤铸型，粘土砂铸造工艺可分为粘土砂干型铸造工艺、粘土砂表面干型铸造工艺和粘土砂湿型铸造工艺，其所应用的型砂分别称为干型砂、表面干型砂和湿型砂[4,5]。

粘土砂干型铸造工艺所用砂型需要经过烘干，干型砂和湿型砂相比湿态强度可以稍低一些，含水量可以稍高一些，以使型砂达到较高的干强度。干型砂对原砂化学成分和耐火度要求不是很高，一般采用粒度较粗的原砂，用涂料保证提高铸件表面质量，型砂有较高的透气性，烘干后具有较高的强度，不易产生冲砂、粘砂、气孔等铸造缺陷，主要用于浇注中、大型铸件。粘土砂干型铸造工艺所用砂型需要有专门的烘干设备烘干，生产周期长、能耗大、工作环境恶劣、铸件尺寸精度低，随着树脂砂及水玻璃砂铸造工艺的广泛应用，粘土砂干型铸造工艺在铸造生产中已很少应用。

粘土砂表面干型铸造工艺所用砂型需在浇注前对型腔表面进行烘烤，得到具有一定厚度型腔表面（15～20mm）干燥层的铸型。表面干型砂的性能及配制兼有湿型砂和干型砂的要求，原砂的粒度较粗，常用 12/30、20/40 及 30/50 的石英长石砂，采用活化膨润土作为粘结剂并加入木屑，型砂的透气性和湿强度要求高，铸型表面需刷涂料以提高抗粘砂能力。与粘土砂干型铸造工艺相比，表面干型砂的砂型不需进窑烘干，可减少燃料和电力消耗，生产周期短，铸件的落砂性能提高，清砂比较容易，工作环境较好，但对型砂性能和工艺操作要求提高。粘土砂表面干型铸造工艺主要用于浇注中大型铸件，最大铸件可达十几吨重，因树脂砂及水玻璃砂铸造工艺的应用，其应用有逐渐减少的趋势，铸造生产中只有少数企业在应用。

粘土砂湿型铸造工艺和粘土砂干型铸造工艺及粘土砂表面干

型铸造工艺相比，砂型不需烘干就可直接进行合箱浇注并生产出合格的铸件，去掉了烘干环节，节省了烘干费用，缩短了生产周期，方便了生产组织，易于实现铸造生产的机械化及自动化，且铸型的落砂性好，工作过程扬尘少，环境得到了改善，铸件的表面精度和尺寸精度高，清理工作量少，生产成本降低。和粘土砂干型、表面干型铸造工艺相比，粘土砂湿型铸造工艺也存在一些不足，主要表现在铸型的强度低，型砂的流动性差，含有水分，发气量大，铸件易产生砂眼、气孔、夹砂等铸造缺陷。严格的型砂质量控制及铸造生产过程的管理可以有效解决粘土砂湿型铸造工艺生产中存在的问题，因此，目前大部分中小型铸铁件生产多采用粘土砂湿型铸造工艺，特别是汽车、拖拉机、内燃机、轻纺机械等行业。机械化生产铸铁件以粘土砂湿型铸造工艺为主。

湿型粘土砂的主要组成为砂、粘土（膨润土）、煤粉和水，少数还有重油、渣油或淀粉等附加物。原砂为湿型粘土砂的耐火骨料，主要为石英砂或石英长石砂，粒度多为50/100、70/140或100/200，质量及尺寸较小的铸件选用粒度较细的原砂，质量及尺寸较大的铸件选用粒度略粗的原砂，以保证铸件获得光洁的表面。为了提高型砂的湿强度，增强抗夹砂、粘砂及抗脉纹缺陷的能力，也可将两种粒度的原砂混合使用。膨润土多为湿型砂的粘结剂，和水分结合发挥粘结作用。膨润土被水湿润后具有粘结性和可塑性，失去水分后硬结，而硬结的膨润土加水后又能恢复粘结性能和可塑性，因而具有很好的复用性，但如果膨润土受到高温烘烤而失去结晶水[6]，再遇水将无法恢复其粘结性能，这时的膨润土在型砂中将不再是粘结剂，而成为泥分。煤粉是砂型铸造铸铁件生产不可或缺的附加材料，具有防止铸件表面粘砂、抑制膨胀类缺陷发生，减少气孔类缺陷等作用，并可改善铸件的表面质量。

粘土砂铸造工艺的用量能够位居三大砂型铸造之首，是因为粘土砂铸造工艺和树脂砂铸造工艺、水玻璃砂铸造工艺相比有其独特的优点：其一，可用于铸钢件、铸铁件及有色合金铸件的生产，对合金的适应性强；其二，可采用手工、半机械、机械化或自动化生产方式，生产的管理和组织灵活，特别是随着现代化高速造型及下芯技术的应用，生产效率在三大砂型中明显占据优势；其三，泥分含量、芯砂含量较低的粘土旧砂，经过磁选、破碎、筛分、冷却等工艺过程的处理就可直接使用，而无需像树脂砂旧砂、水玻璃砂旧砂那样每次都必须进行再生处理后才能应用；其四，对原砂泥分含量、水分含量及耗酸值的要求低，原砂和粘结剂的价格便宜，铸造生产的综合成本低，经济性好。正因为粘土砂铸造工艺具有上述独特的优点，因此在铸造生产中获得了广泛的应用，并且可以预计，随着铸造行业的发展，粘土砂铸造工艺在未来的机械行业仍将扮演重要的角色。

1.2 粘土旧砂的性能及特点

粘土砂铸型经浇注、冷却、落砂后所得到型砂和芯砂的混合物称为粘土旧砂。粘土砂铸型在浇注过程中，型腔内表层会受到高温金属液的强烈热作用，靠近铸件表面型砂中的粘土在高温作用下会失去结晶水，丧失粘结能力而变为死粘土[7-10]，型砂中的煤粉、有机物质等附加物在高温作用下，或烧损或烧结或形成微小颗粒和灰分。粘土砂所用原砂主要为石英砂或石英长石砂，石英在受热过程中会发生膨胀，这种膨胀包括温度升高而产生的热膨胀和石英因同质异晶转变而产生的膨胀[11]，随后随着砂子的冷却，石英颗粒会产生收缩，在反复的冷热作用下会造成个别砂粒的破碎，破碎的细小砂粒混在旧砂中也成为泥分的一部分。另外在型砂的混制及旧砂的处理过程中，砂粒和各工艺设备之间，砂粒和砂粒之间的碰撞和搓擦也会造成个别砂粒的破碎，而增加旧砂中的泥分。

铸造生产中芯子用于形成铸件的内腔，对于具有内腔的铸件芯子的使用不可避免。在铸造生产过程中，芯砂会通过落砂过程混入粘土砂中，最终成为型砂的一部分。当芯砂含量达到一定程度，特别是当泥分和芯砂同时存在于旧砂中时，将共同对型砂的性能产生影响。泥分及芯砂共同存在条件下对型砂湿压强度、热湿拉强度和透气性的影响如图1-1~图1-6所示[12,13]。

图1-1所示为泥分和树脂砂芯砂共同存在条件下泥分含量、树脂砂芯砂含量和粘土型砂透气性的关系；图1-2所示为泥分和水玻璃砂芯砂共同存在条件下泥分含量、水玻璃芯砂含量与粘土型砂透气性的关系。由图1-1和图1-2可知，在芯砂含量一定的情况下，随型砂中泥分含量的提高，型砂的透气性降低。对于含树脂芯砂的粘土砂，在泥分含量一定的情况下，随芯砂含量的增加型砂的透气性先增加后降低，在芯砂的质量分数为4%~6%时出现透

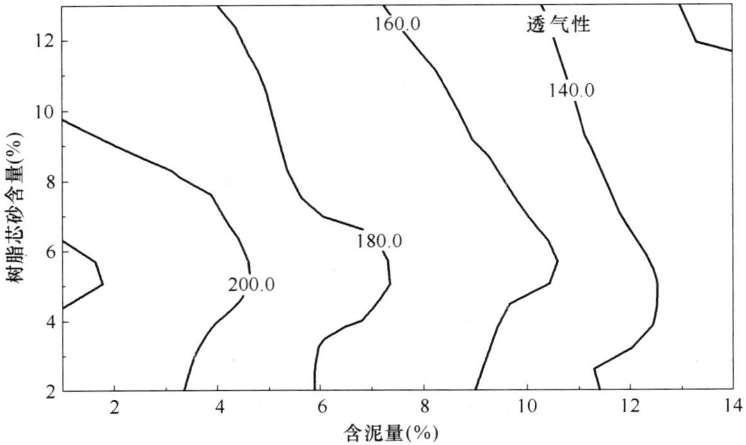

图1-1　泥分及树脂砂芯砂含量与型砂透气性的关系

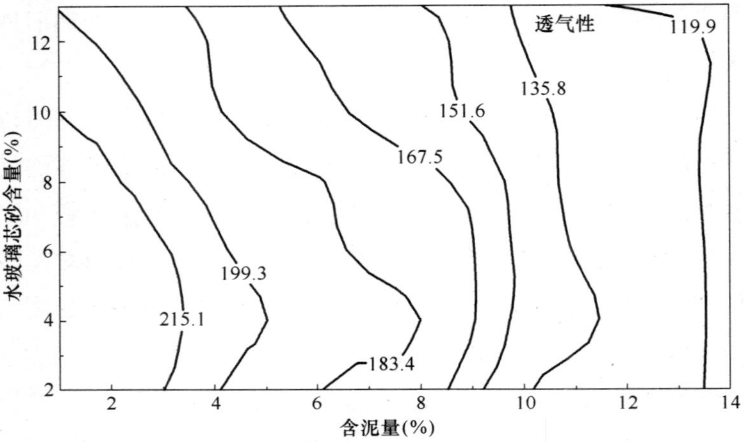

图 1-2　泥分及水玻璃砂芯砂含量与型砂透气性的关系

气性的最大值。对含水玻璃芯砂的粘土砂，在泥分质量分数低于 13.5%时，随芯砂含量的增加，型砂的透气性先增加后降低，其最大值出现在水玻璃芯砂质量分数 4%左右。对于含树脂芯砂和水玻璃芯砂的粘土砂，在芯砂质量分数达 13%，泥分的质量分数达 14%时，其透气性仍能满足铸造生产的需要。

图 1-3 所示为泥分和树脂砂芯砂共同存在条件下泥分含量、树脂砂芯砂含量和粘土型砂湿压强度的关系，图 1-4 所示为泥分和水玻璃砂芯砂共同存在条件下泥分含量、水玻璃砂芯砂含量与粘土型砂湿压强度的关系。由图 1-3 和图 1-4 可知，对于含树脂砂芯砂的粘土砂，泥分的质量分数低于 5%~6%，芯砂的质量分数低于 8%~9%，对于含水玻璃砂芯砂的粘土砂，泥分和芯砂的质量分数均低于 4%~5%时，型砂的湿压强度高且较稳定，然后随型砂中泥分及芯砂含量的增加，型砂的湿压强度从大于 1.1×10^5 ~ 1.2×10^5 Pa，降低到 0.7×10^5 Pa 以下。从型砂对工艺适应性的方面考虑，型砂从可用于高压或静压造型变为仅可用于单机造型或手工造型，甚至到了需要报废的程度。

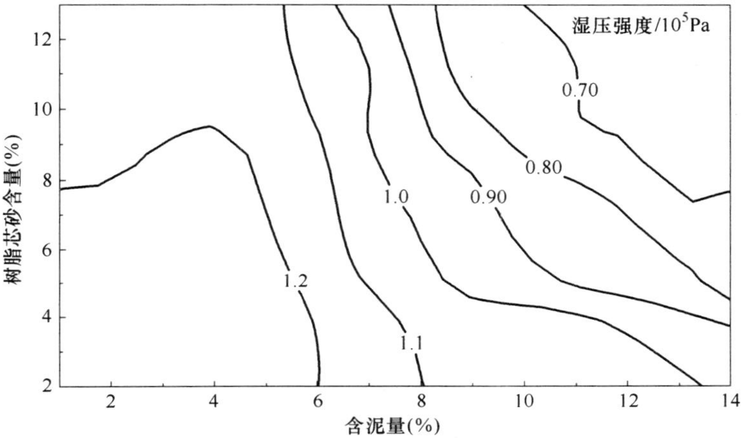

图 1-3　泥分及树脂砂芯砂含量与型砂湿压强度的关系

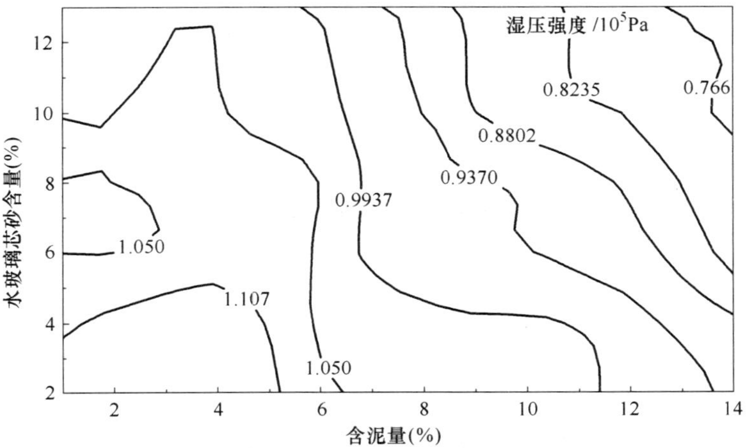

图 1-4　泥分及水玻璃砂芯砂含量与型砂湿压强度的关系

图 1-5 所示为泥分和树脂砂芯砂共同存在条件下泥分含量、树脂砂芯砂含量和粘土型砂热湿拉强度的关系，图 1-6 所示为泥分和水玻璃砂芯砂共同存在条件下泥分含量、水玻璃砂芯砂含量与粘土型砂热湿拉强度的关系。由图 1-5 和图 1-6 可知，对于含树脂砂芯砂的粘土砂，当芯砂含量一定时，泥分对型砂热湿拉强度的影

响曲线呈“山峰状”，泥分的质量分数在3.8%~5%时出现最大值。当泥分含量一定时，随芯砂含量的增加，型砂的热湿拉强度降低。对于含水玻璃砂芯砂的粘土砂，泥分和芯砂含量对热湿拉强度的影响曲线呈现以坐标圆点为中心的“年轮状”，随型砂中芯砂或泥分含量的增加型砂的热湿拉强度降低。

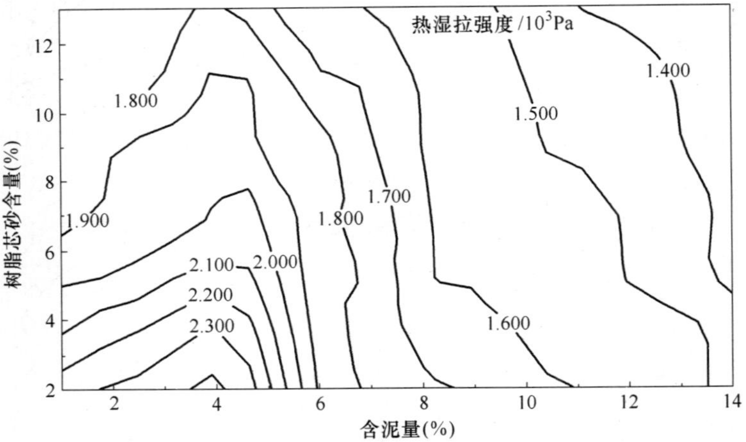

图1-5 泥分及树脂砂芯砂含量与型砂热湿拉强度的关系

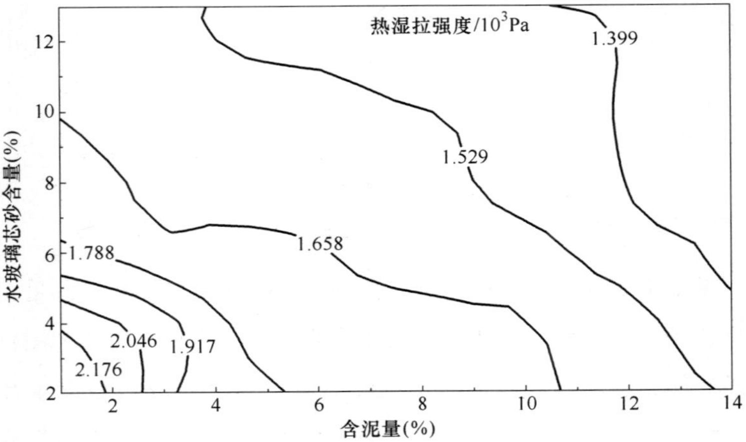

图1-6 泥分及水玻璃砂芯砂含量与型砂热湿拉强度的关系

由以上分析可以看出，泥分和芯砂混入旧砂中影响型砂的湿压强度、透气性和热湿拉强度，并且泥分与树脂砂芯砂共同存在和泥分与水玻璃砂芯砂共同存在情况下对粘土型砂的透气性、湿压强度、热湿拉强度的影响有所不同。

泥分对粘土型砂性能的影响也在铸造生产实际中得到了验证。随着铸造生产过程的循环往复，型砂中泥分含量不断增加。含泥量高的粘土砂在生产中，粉尘会吸收大量的水分，从而导致型砂含水量升高，透气性下降，铸件容易产生气孔和夹砂等铸造缺陷。死粘土等有害粉尘包裹在砂粒表面，经高温烘烤形成一层牢固的薄膜，称之为惰性膜。随着旧砂的不断循环使用，惰性膜将多层重复包覆在砂粒表面，使砂粒的直径增大，粒度分布出现筛号的严重偏移，这种现象称之为鲕化。出现鲕化现象的旧砂，粒度明显变粗，发气性提高，耐火度降低，易使铸件产生粘砂、气孔等铸造缺陷，铸件的表面质量明显下降。这时的粘土砂已不能满足铸造生产的工艺要求，必须进行再生处理，否则只能作为固体废弃物被扔掉。

在粘土砂铸造生产中，每生产 1t 铸件就要形成 1t 粘土废砂，每年我国将形成大量的粘土废砂，如果将其作为固体废弃物扔掉，不仅造成对铸造砂资源的巨大浪费，同时也占用大量的堆放场地，污染环境和地下水源。因此，实现铸造废砂的再生利用是铸造行业实现可持续发展的必然选择，也是节能减排的必然要求。

1.3 粘土旧砂再生技术的发展

1.3.1 粘土旧砂再生技术在国外的发展

国外的粘土旧砂再生始于 1912 年，迄今为止已有百余年的历史[3]。1912年卡普罗发表文章《铸造厂的废砂》[14]，在文中介绍了一种湿法再生机，用于再生粘土旧砂，从此揭开了旧砂再生的序幕。1922年达威士和姜森介绍了一种离心再生机用于铸钢厂铸造废砂的再生[15]。早期的粘土旧砂再生主要以湿法（水洗）及机械法（离心再生、辗压）为主。在这个阶段，旧砂再生的对象主要是铸造生产中产生的粘土旧砂，其目的是通过再生处理以降低旧砂中的泥分含量，使再生砂的性能得到提高并最终用于铸造生产。1946年简特提出了气流再生的方法[16]，通过砂粒在气流作用下高速冲击撞击盘而实现旧砂的再生。1953年柯蒂士介绍了湿法和热法联合旧砂再生系统[17]，通过湿法再生除去粘土旧砂中的泥分，通过热法再生除去混于粘土砂中的有机粘结剂芯砂砂粒表面的粘结剂膜，实现了含有机粘结剂芯砂粘土砂的再生。1970年美国研究出了抛丸落砂清理机，通过高速弹丸对铸型、砂子及铸件表面的撞击，实现落砂、旧砂再生和铸件清理。20世纪70年代中期，英国和德国先后开发出了振动破碎再生机，通过振动过程中砂块和砂块、砂块和设备、砂块和砂粒、砂粒和砂粒、砂粒和设备之间的碰撞搓擦实现砂块的破碎和旧砂的再生。振动破碎克服了强力撞击和挤压破碎旧砂砂块时破碎不均匀和过度破碎的问题，将砂块破碎为均匀的砂粒及小砂团，真正实现了旧砂的散粒化，是旧砂破碎领域的一项革命性成果。从粘土旧砂再生技术的诞生到20世纪80年代初期，先后出现了湿法、机械法、气流法、联合法（湿法加热法）等再生方法，按照现代粘土旧砂再生的理念，湿法再生、湿法和热法联合再生可以得到用于代替新砂使用的完全再生砂，而机械法和气流法再生仅可得到不完全再生砂，其再生砂只可用于混制粘土砂。

1982~1983年，美国采用热法和机械法联合或热法和气流法联合再生粘土砂并将再生砂用于有机粘结剂制芯[18-20]。1987年美国提出了完全砂再生的概念，用热法和干法联合再生粘土砂，用再生砂代替新砂混制各种粘结剂芯砂。1993 年在欧洲提出了清洁铸造砂循环的概念，要求循环使用旧砂，除回用外，多余的旧砂经再生应达到制备化学粘结剂型（芯）砂的要求。自此，粘土旧砂再生可分为完全再生和不完全再生。通过旧砂再生去除旧砂中的部分泥分，改善旧砂的铸造工艺性能，然后将再生砂重新用于混制粘土砂，此类再生为不完全再生；而能将粘土砂再生后代替新砂混制各种粘结剂芯砂或代替新砂混制粘土砂的再生方法称为完全再生，粘土旧砂再生技术进入一个新的时代。1993 年出现了蒸汽压再生[21]，先使旧砂表面的粘土层湿润，然后将其迅速爆热到约 800℃，水分迅速汽化而产生蒸汽压力，使砂粒表面的粘结剂膜爆裂或松散后脱落，再生后的砂子可用于冷芯盒制芯。1998 年出现了冷冻再生新工艺，利用液态氮将砂温迅速降到零下 80℃，使砂粒表面的粘土层迅速冰冻，在此过程中由于冷冻结晶过程水的膨胀作用，使粘土层内部产生应力，冰冻后的粘土失去粘结性并且变脆，然后利用机械作用使粘土膜从砂粒表面脱落，砂子得到了再生。

自 1912 年出现旧砂再生以来，新的粘土旧砂再生方法不断出现，1984 年第 6 届国际铸造博览会（GIFA）上有 37 家单位展出了旧砂再生设备[22]，1994 年第 8 届国际铸造博览会（GIFA）上展出的旧砂再生设备种类进一步增加，在后续的各界国际铸造博览会（GIFA）上均有旧砂再生设备的展示，旧砂再生设备种类不断丰富。旧砂再生技术受到了德、英、美、日等国家铸造学术界和国际铸造界的广泛关注，分别成立相应机构，召开专题会议并在学术刊物上发表了大量的文章，旧砂再生技术得到了很好的推广和应用，不但各铸造企业积极采用旧砂再生技术，而且出现了专业化的旧砂再生服务企业，为铸造生产企业提供旧砂再生服务，使旧砂再生走上了专业化的道路。

1.3.2 粘土旧砂再生技术在国内的发展

在我国粘土旧砂再生技术的研究开始得较晚，1949 年出现了用于输送芯砂的涡流式气力输送装置，人们发现经气力输送的铸造用砂其泥分含量降低，工艺性能提高，出现了旧砂再生的萌芽。20 世纪 60 年代结合水力清砂，尤其是水爆清砂的推广使用，在采用水力旋流器为主的湿法再生装置使用成功的基础上，开发了湿法再生系统[23-25]。进入 20 世纪 70 年代，气力输送技术在我国铸造行业得到了推广应用，20 世纪 70 年代中期，竖吹式气流再生和机械离心再生在我国出现并在部分企业得到了应用[26,27]。20 世纪 90 年代，我国从国外引进了成套的树脂砂设备，极大地促进了我国旧砂再生技术的发展，在此带动下一些铸机厂和高校、设计院及研究单位开展了干法再生技术的研究并开发了相应的旧砂再生设备，如震动破碎机、离心式再生机、震动球磨再生机等。20 世纪 80 年代中叶，铸造旧砂再生工作得到了国家相关部门的重视，获得了国家自然科学基金的支持，成立了旧砂再生专题组，开展了从理论、工艺到设备开发的试验研究，并分别于 1985 年和 1993 年召开了旧砂再生专题会议，旧砂再生技术在我国获得了进一步发展和应用[28-30]。20 世纪末到 21 世纪初，粘土旧砂再生技术在我国进入一个快速发展时期[31-33]，并出现了粘土旧砂完全再生技术。2005 年 1 月，中国一汽集团将湿型砂加热到 700℃ 以上进行脆化，然后进行机械再生，将再生砂用于混制覆膜砂[34]。自 2004 年开始，山东建筑大学旧砂再生课题组连续三次得到山东省科技发展计划的支持，对粘土旧砂完全再生方法、含不同芯砂粘土旧砂完全再生的可行性、完全再生砂的性能、再生砂在不变体系和变体系条件下混制化学粘结剂型（芯）砂时的铸造工艺性能、粘土完全再生砂改性技术以及粘土旧砂完全再生成套设备进行了系统研究，取得了一系列的研究成果，为此在本书的后续章节将陆续向大家展示。

1.4　粘土旧砂再生的意义

1. 技术方面

在铸造生产过程中，每经过一个铸造生产循环，型砂都要经受一次金属液的热冲击，形成部分死粘土，在后续的落砂、破碎、筛分等处理过程中，砂粒受机械冲击、摩擦、振动作用而使粘土膜和部分砂粒破碎形成的粉尘也成为泥分的一部分。粘土砂中泥分的增加，将导致型砂的含水量和发气量增加，成型性降低，严重恶化型砂的性能，这时粘土旧砂的再生是改善粘土旧砂性能的唯一手段。另外，经反复使用的砂子具有急热膨胀小，热稳定性好、砂粒更趋圆整、化学稳定性能好等优点，其铸造工艺性能优于同种新砂。

2. 环境保护方面

铸造生产中排放的粘土废砂将占用大量的堆放场地，并污染大气环境，混入粘土砂中的水玻璃芯砂、树脂砂芯砂等经雨水冲刷后其污染成分流入江河湖泊或渗入地下将污染水源，因此铸造废砂排放是工业污染的重要组成部分。随着社会的发展，人们对环境污染的关注度不断提高，对环境保护的要求也越来越高，为此国家对固体废弃物排放及环境污染提出更加严苛的要求，对铸造行业的准入提出了明确的要求。因此，对粘土旧砂进行再生处理以减少铸造生产过程中固体废弃物的排放是环境保护的必然要求，也是铸造行业可持续发展的必然要求。

3. 经济方面

砂子的费用是铸件生产成本的重要组成部分，将粘土旧砂再生后重新用于混制粘土砂或将旧砂完全再生后用于混制芯砂，不仅减少了铸造生产过程中废砂的排放，保护了环境，而且也减少了新砂的用量，保护了自然资源。据初步计算，再生 1t 粘土旧砂的不完全再生成本为 30 ~ 60 元，完全再生成本约为 80 ~ 120 元，因此，对粘土旧砂进行再生利用也可给铸造企业带来一定的经济效益。

4. 资源保护方面

铸造用砂属不可再生的自然资源，过度开采和使用不仅是对资源的浪费，同时也是对环境的一种破坏，因此粘土旧砂的再生利用是保护自然资源的一种重要手段和有效途径。

参 考 文 献

[1] 中国机械工程学会铸造分会. 铸造手册：铸造工艺 [M]. 2 版. 北京：机械工业出版社，2003：1.

[2] A Modern Casting Staff Report. 48th Census of World Casting Production: Steady Growth in Global Output [J]. Modern Casting, 2014 (12): 17-21.

[3] 郭景纯，郭思福. 铸造旧砂再生利用及污染治理 [M]. 广州：中山大学出版社，2001.

[4] 石德全. 造型材料 [M]. 北京：北京大学出版社，2009：72.

[5] 王文清，李魁盛. 铸造工艺学 [M]. 北京：机械工业出版社，1998：66.

[6] 李远才. 铸造造型材料实用手册 [M]. 北京：机械工业出版社，2009：76.

[7] 荆海鸥，孙清洲，初福民，等. 铸造生产中的旧砂再生技术前景广阔 [J]. 山东机械，2004 (4)：27-28.

[8] 张景德，王思悦. 粘土旧砂的振动搓擦再生 [J]. 铸造，1997 (7)：

19-20.
[9] 郭景纯，郭思福．第三讲　各种旧砂的再生 [J]．铸造设备研究，1997 (5)：50-52.
[10] 孙学忠，刘树藩．粘土砂制备的新概念 [J]．铸造设备研究，1995 (2)：1-10.
[11] 昆明工学院．造型材料 [M]．昆明：云南人民出版社，1978：7.
[12] 张普庆，孙清洲，赵中魁，等．泥分、芯砂混入对粘土型砂质量的影响 [J]．铸造技术，2007，28 (5)：590-592.
[13] SUN Q Z, JING J, ZHANG P Q, etal. Research on Changing Regularity of Green Sand Properties [J]. Advanced Materials Research, 2011 (328-330): 1220-1224.
[14] Capron S A. Waste Sand in the Foundry [J]. AFS Trans Actions, 1912: 563.
[15] Davis J C, Janssen W A. Report on Sand Reclamation Investigation of the American Steel Foundries [J]. AFS Trans, 1922: 743.
[16] Jeter E C. Sand Reclamation for Ferrous Foundry [J]. Foundry, 1946 (8): 86.
[17] Curtis C H. Sand Reclamation with the Combination System [J]. AFS Trans, 1952: 222.
[18] Ruzbehi M, Leidel D S. Reclaiming Clay Bonded Sand for Coreroom Use [J]. Modern Casting, 1983 (9): 21-24.
[19] Leidel D S. Toward the Closed System by Reclaiming Green Sand [J]. AFS Trans, 1983 (91): 303-312.
[20] Granlund M J, Silsby D V. Thermal-Pneumatic Reclamation Of Molding Sand For Reuse In Core Work [J]. AFS Trans, 1983 (91): 101-108.
[21] Fallon M J. Prospects of Reclaiming of Green Sand for Coremaking Use [J]. Foundry Trade Journal, 1993 (7): 992.
[22] Krohn B R. Sand Reclamation Equipment and System Review Part Ⅰ, Part Ⅱ [J]. Modern Casting, 1985 (7): 23, 1986 (8): 26.

[23] 马耿伯. 水力旋流器——水力分级器旧砂再生装置 [J]. 中国铸造装备与技术, 1966 (3): 7.

[24] 姜锡朋. 旧砂湿法再生工艺与设备 [J]. 铸造机械, 1967 (5): 1.

[25] 李昭干. 水力清砂设备 [J]. 制造技术与机床, 1960 (7): 5.

[26] 郭景纯. 昆明地区旧砂再生总结 [J]. 铸造机械, 1966 (1): 20.

[27] 郭寿衡, 吴昌懋, 万德宝. 离心搓撞式旧砂再生器 [J]. 铸造机械, 1966, (2): 5.

[28] 徐长白, 高红霞. 离心漩涡式旧砂再生系统 [J]. 铸造设备研究, 1994 (1): 1-3.

[29] 郭景纯. 国内外湿型砂再生工艺及设备 [J]. 铸造, 1991 (1): 27-30.

[30] 曹业斌. 粘土砂再生处理及经济效益 [J]. 铸造, 1994 (9): 33-34.

[31] 张方, 郭景纯. 旧砂再生综述 (国内 2006 年度) [J]. 铸造设备研究, 2007 (2): 14.

[32] 吕士海, 吴彩云, 徐海港, 等. 粘土砂旧砂再生的研究及生产应用 [J]. 现代铸铁, 2008, 28 (3): 92-94.

[33] 令军科. CRG 粘土旧砂再生系统的应用 [J]. 铸造技术, 2004, 25 (10): 754-755.

[34] 吴景峰, 于永来, 马顺龙, 等. 铸造废弃物资源化再利用的探索 [J]. 铸造, 2006, 55 (12): 1294-1298.

第2章

粘土旧砂完全再生的工艺方法及工艺参数

美国于1912年就有采用湿法进行粘土旧砂再生的先例，我国在20世纪50年代开展了粘土旧砂的湿法再生[1]，因此粘土旧砂可以进行湿法再生在国内外均得到了验证。采用湿法再生虽然可以解决粘土旧砂的再生问题，但由于其占用生产场地大，设备投资多，再生成本高[2]，易对环境造成二次污染，同时，采用湿法再生无法消除芯砂混入对砂子性能的影响问题，因此在探索粘土旧砂完全再生技术路线时，对湿法再生的技术路线不予考虑。

湿型粘土旧砂中的粘土膜具有塑性，在受到外力作用时易产生塑性变形，这样很难直接通过机械的方法将粘土膜从未经处理的粘土旧砂砂粒表面剥离下来，即使将粘土膜从砂粒表面剥离下来了，也很难将其和砂子分离，因此直接采用机械方法对未加处理的粘土旧砂进行完全再生是不可行的。要实现粘土旧砂的完全再生，就要将砂粒表面的塑性粘土膜变为脆性膜，然后再通过砂粒之间的碰撞和搓擦，将砂粒表面的粘土膜剥离下来，这时呈脆性的粘土膜在外力作用下已经粉化，采用微粉分离的方法将粉化的粘土和砂子分开，就可以得到泥分含量低于新砂的再生砂。为此，要实现粘土旧砂的完全再生，必须首先要确定一个可行的粘土旧砂完全再生的技术路线，其次要确定完成粘土旧砂完全再生各工艺环节的工艺方法及工艺参数，这些将成为本章要回答的主要问题。

2.1 再生前粘土旧砂的脆化处理

砂粒表面的粘土膜具有可塑性的根本原因是粘土膜中含有一定的水分[3]，去除粘土膜中的水分，将塑性粘土膜变为脆性粘土膜的过程称为脆化。脆化处理后的粘土旧砂，脆化的粘土膜和砂粒表面还具有较强的附着力，因此对脆化后粘土旧砂的再生应采用高强度的再生方法。在确定粘土旧砂完全再生的脆化温度过程中，脆化后的粘土旧砂采用自然冷却的方式冷却至室温，然后采用逆流转子式再生机[4]进行再生处理，再生后粘土砂采用流化速度可调的负压流化床[5]进行微粉分离。在综合分析粘土旧砂完全再生各工艺环节、工艺要求的基础上，对粘土旧砂完全再生各工艺环节的相应设备进行合理的选择，以确保完成粘土旧砂完全再生各工艺环节、工艺任务，对粘土旧砂完全再生最佳脆化旧砂冷却方法、再生方法及粘土再生砂微粉分离方法的确定将在粘土旧砂完全再生前适宜脆化温度确定后进行。

逆流转子再生机是最初选定的用于粘土旧砂完全再生的设备，该设备由回转滚筒、转子叶片、螺旋叶片、底座及调速电动机等组成，其工作原理如图2-1所示。滚筒和转子同心相向转动，当旧砂从加料口加入之后，被导料螺旋叶片迅速送入滚筒中，旧砂在离心惯性力作用下被举升到一定高度后下落，高速逆向旋转的转子抛击旧砂，砂子和叶片、砂子和滚筒、砂子和砂子之间产生碰撞和搓擦。在此过程中，砂子由筒内导向叶片向前输送，并通过转子叶片对旧砂进行连续抛击和搓擦来实现旧砂的再生。每一个再生循环，旧砂可以获得多次碰撞和搓擦，以提高旧砂的再生效果。此外，滚筒的转速以及转子的转速均可实现无级调节，以满足不同要求的旧砂再生强度。

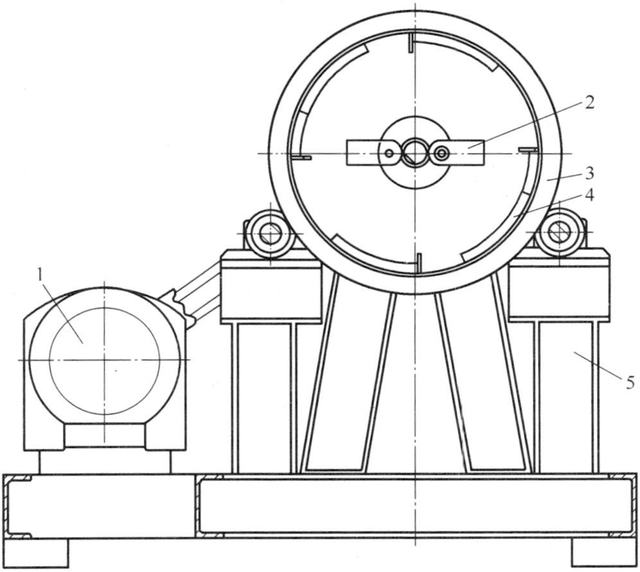

图 2-1　逆流转子再生机工作原理

1—调速电动机　2—转子叶片　3—回转滚筒　4—螺旋叶片　5—底座

负压流化床是最初选定的用于粘土再生砂微粉分离的装置，其工作原理如图 2-2 所示。工作时将再生后的砂子放入流化床体 4 中，将吸风管 1 接到风机的进风口上，空气在大气压力的作用下由流化床进风口 2 进入并穿过流化床内的再生砂层经吸风管排出。当穿过再生砂层的气流速度达到所需的流化速度时，再生砂处于沸腾状态，流化床进入流态化阶段。通过控制野风控制阀 6 可以控制进入系统中的野风量，以控制流过再生砂层的气流速度，以达到控制再生砂流化状态的目的。由于混于再生砂中的微粉粒径较小，当再生砂处于流态化状态时，微粉已处于悬浮输送状态而被气流从再生砂中带走，这就是利用负压流化床分离再生砂中微粉的原

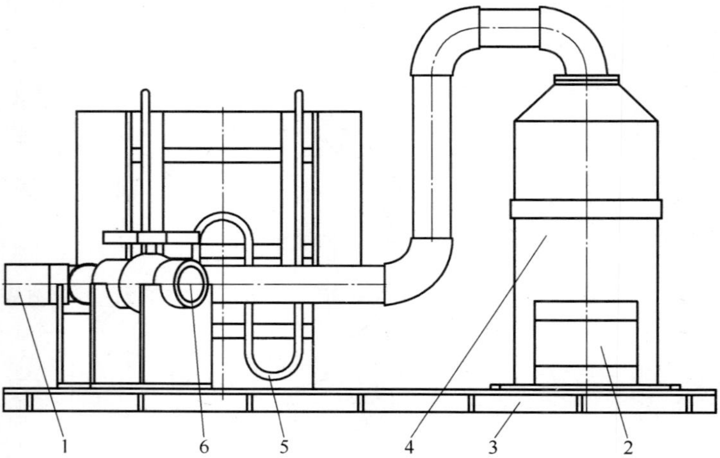

图 2-2 负压流化床工作原理

1—吸风管 2—流化床进风口 3—底座

4—流化床体 5—U 形压力计 6—野风控制阀

理。当达到最佳分离效果后，记录 U 形压力计两端的压差，可以计算吸风管内气体的速度，由此可以确定流化床的流化速度。

蒙脱石矿物加热到 100～200℃即失去大部分结晶层间的水分，加热到 500～700℃将失去结构水，基本结束脱水过程，加热到 800℃以上晶格破坏，粘土矿物变为无定形物质[6]。为了将粘土旧砂粒表面的塑性粘土膜变为脆性膜，分别将粘土旧砂在 140℃烘干，260～320℃低温脆化和 500～850℃高温脆化，以确定加热温度对粘土膜脆化的影响规律，为确定粘土旧砂再生前适宜的脆化温度奠定理论基础。粘土旧砂完全再生的技术路线为：砂子脆化→自然冷却→逆流转子再生机再生→负压流化床微粉分离。

2.1.1 烘干对粘土再生砂微粉去除率的影响

在旧砂再生领域，将 140 目以下的颗粒状物料统称为微粉。在粘土再生砂中，微粉主要以泥分的形式存在于再生砂中，因此，考查不同工艺条件对再生砂微粉去除率的影响可通过考察不同工艺条件对再生砂的泥分去除率来实现。再生前对粘土旧砂在 140℃下进行烘干，然后自然冷却至室温，在逆流转子再生机上进行再生，进入负压流化床风选 5min，分别测试再生前后砂子中泥分含量的质量分数[7]，试验结果见表 2-1[8,9]。

表 2-1　再生前烘干条件下粘土再生砂泥分含量及泥分去除率的质量分数

再生次数	1		2		3	
再生时间/min	3	5	3	5	3	5
再生前泥分的质量分数（%）	8. 28	8. 28	8. 28	8. 28	8. 28	8. 28
风选后泥分的质量分数（%）	4. 9	4. 7	4. 82	4. 55	4. 81	4. 56
再生砂的泥分质量去除率（%）	40. 82	43. 24	41. 79	45. 05	41. 91	45. 93

由表 2-1 可以看出，随着再生时间的延长，再生砂泥分去除率的质量分数略有提高，但提高的幅度较小。随着再生次数的增加，再生砂泥分去除率的质量分数也略有提高，但提高的幅度也不大。这表明，对粘土旧砂在再生前进行烘干，砂粒表面的粘土膜具有一定的脆性，经一次再生后泥分去除率的质量分数可达 40% 以上，但对于一次再生后仍残留在砂粒表面的粘土膜和砂粒表面的附着强度较高，无论是延长再生时间还是增加再生次数，对提高再生砂泥分去除率质量分数的影响均不是很明显。再生砂中残留有 4. 5% 以上质量分数的泥分，按照铸造生产的工艺要求，这种再生砂只能用于混制粘土砂，不能用于混制有机粘结剂芯砂。因此对粘土旧砂在再生前进行烘干，然后在逆流转子再生机上进行再生，将再生砂在流化床风选机上进行风选所获得的是不完全再生的粘土再生砂。

2.1.2 低温脆化对粘土再生砂微粉去除率的影响

再生前将粘土旧砂分别在260℃和320℃下保温10min进行脆化处理，然后自然冷却至室温，在逆流转子再生机上再生5min，在负压流化床上风选5min，并分别测试风选前后再生砂泥分含量的质量分数，试验结果见表2-2[8,9]。

表2-2 再生前低温脆化条件下粘土再生砂泥分含量及泥分去除率的质量分数

脆化温度/℃	再生次数	再生前泥分含量的质量分数（%）	风选后泥分含量的质量分数（%）	泥分去除率的质量分数（%）
260	1	8.28	3.8	54.1
	2	8.28	3.79	54.2
	3	8.28	3.74	54.83
320	1	8.28	3.51	57.61
	2	8.28	3.15	61.96
	3	8.28	2.96	64.25

由表2-2可以看出，对粘土旧砂再生前进行低温脆化处理和进行烘干预处理相比，在相同再生条件下，再生砂泥分去除率的质量分数提高，并且一次再生砂泥分去除率的质量分数增加明显。再生前经260℃脆化的粘土旧砂随着再生次数的增加，再生砂的泥分去除率的质量分数提高幅度较小。再生前经320℃脆化的粘土旧砂随着再生次数的增加，再生砂泥分去除率的质量分数提高比较明显。这表明，对粘土旧砂在再生前进行低温脆化处理，提高了粘土再生砂泥分去除率的质量分数，并且随着脆化温度的提高，再生砂泥分去除率的质量分数明显提高。在泥分去除率质量分数最高的情况下，再生砂中仍残留有质量分数为2.9%以上的泥分，按照铸造生产的工艺要求，此再生砂也只可用于混制粘土砂，而不能用于混制有机粘结剂芯砂，因此采用对粘土旧砂在再生前进

行低温脆化预处理，然后再进行逆流转子再生和流化床风选的方法也仅可获得不完全再生的粘土再生砂，而无法获得完全再生的粘土再生砂。

2.1.3　高温脆化对粘土再生砂微粉去除率的影响

将粘土旧砂在 500～850℃的温度下进行脆化，每隔 50℃取一个温度点，脆化时间 10min，然后自然冷却至室温，在逆流转子再生机上再生 5min，在负压流化床上风选 5min，并分别测试风选前后再生砂泥分含量的质量分数，试验结果见表 2-3[8,9]。

表 2-3　再生前高温脆化条件下粘土再生砂泥分含量及泥分去除率的质量分数

脆化温度/℃	再生前泥分含量的质量分数（%）	风选后泥分含量的质量分数（%）	泥分去除率的质量分数（%）
500	8.28	3.44	58.45
550	8.28	1.96	76.33
600	8.28	1.8	78.26
650	8.28	1.24	85.02
700	8.28	0.93	88.77
750	8.28	0.98	88.16
800	8.28	0.97	88.28
850	8.28	0.9	89.13

由表 2-3 可以看出，当脆化温度在 500～700℃之间变化时，随着脆化温度的升高，风选后再生砂泥分含量的质量分数降低，微粉去除率提高。当脆化温度达到 700℃以后继续提高脆化温度，风选后再生砂泥分去除率的质量分数并没有明显提高，同时考虑到脆化温度越高，能量消耗越大，所以粘土旧砂再生前的脆化温度以 700℃为宜。

2.1.4　脆化时间对粘土再生砂微粉去除率的影响

为了确定脆化时间对再生砂泥分去除率质量分数的影响，将脆化温度固定在700℃，分别对粘土旧砂脆化不同的时间，然后自然冷却至室温，在逆流转子再生机上再生5min，在负压流化床上风选5min，分别测试不同脆化时间粘土再生砂泥分含量的质量分数，试验结果见表2-4[8,9]。

由表2-4可以看出，再生前对粘土旧砂进行700℃脆化处理，在再生次数相同的情况下，随着脆化时间的延长，再生砂泥分去除率的质量分数提高。对粘土旧砂在再生前脆化10min，然后在逆流转子再生机上进行三次再生所获得的再生砂泥分含量的质量分数低于自身原砂泥分含量的质量分数，满足了混制有机粘结剂型芯砂对砂子中泥分含量质量分数的要求。

表2-4 脆化时间对粘土再生砂泥分含量及泥分去除率质量分数的影响

脆化时间/min	再生次数	再生前泥分含量的质量分数（%）	风选后泥分含量的质量分数（%）	泥分去除率的质量分数（%）
5	1	8.28	3.14	62.08
	2	8.28	2.9	64.98
	3	8.28	2.4	71.01
8	1	8.28	1.07	87.08
	2	8.28	0.65	92.15
	3	8.28	0.40	95.17
10	1	8.28	0.93	88.77
	2	8.28	0.48	94.20
	3	8.28	0.26	96.86

2.1.5 粘土旧砂再生前脆化温度和脆化时间

研究发现，随着再生前对粘土旧砂脆化温度的提高，所获得再生砂泥分含量的质量分数降低，泥分去除率的质量分数提高。因此，在选择再生前对粘土旧砂的脆化温度时，应综合考虑对再生砂的工艺要求及再生成本。再生前对粘土旧砂进行烘干，然后在逆流转子再生机上再生 3 次，每次 5min，每次再生后在负压流化床上风选 5min，所获得再生砂泥分去除率的质量分数最高为 45.93%，而部分生产企业采用再生前不烘干的机械再生工艺，也得到了泥分去除率的质量分数达到 40% 的粘土再生砂[10,11]，由此可以看出，当对粘土旧砂的再生目的只是去除粘土旧砂中的部分泥分以改善型砂的透气性、紧实率、含水率等指标时，在再生前对粘土旧砂可以进行烘干处理，当粘土旧砂的含水量低于 1% 时也可以不进行烘干处理，这时所获得的再生砂是一种不完全再生砂。当粘土旧砂再生的目的是将粘土再生砂代替新砂使用时，这时的再生砂必须是完全再生砂，这时在再生前对粘土旧砂进行 700℃ 脆化 10min 是一种经济可行的选择，因此，在确定粘土旧砂完全再生技术路线时，将粘土旧砂再生前的脆化温度确定为 700℃，脆化时间确定为 10min。

2.2　脆化旧砂的冷却

在确定再生前粘土旧砂的脆化温度和脆化时间时，脆化旧砂的冷却采用了自然冷却的方法。自然冷却并未造成对再生砂粒度分布的不利影响，由此可见对脆化后的粘土旧砂进行自然冷却是可行的。但是将脆化到 700℃ 的粘土旧砂自然冷却至室温，需要较长的冷却时间，延长了旧砂再生的生产周期，降低了生产效率，也给粘土旧砂完全再生的生产组织带来诸多不便，对脆化后的粘土旧砂进行强制冷却成为一种必然。

在对粘土旧砂进行脆化和对脆化后砂子的冷却过程中，需将砂子从室温加热到 700℃，又从 700℃ 迅速冷却至接近室温，在此过程中砂子将经受剧烈的冷、热作用。冷、热作用次数与冷却强度是否会对砂子的粒度和粒形造成不利影响，将涉及脆化旧砂冷却所采用的冷却方法及冷却技术方案的确定。由于对再生砂水分严格控制的需要，脆化后粘土旧砂的冷却不能采用增湿汽化冷却的方式，可供选择的强迫冷却方法只有强迫对流换热、传导换热以及增强传导换热效果的对流加传导换热。为考核在上述三种换热条件下砂子的冷却效果，开发了如图 2-3 及图 2-4 所示的试验装置。

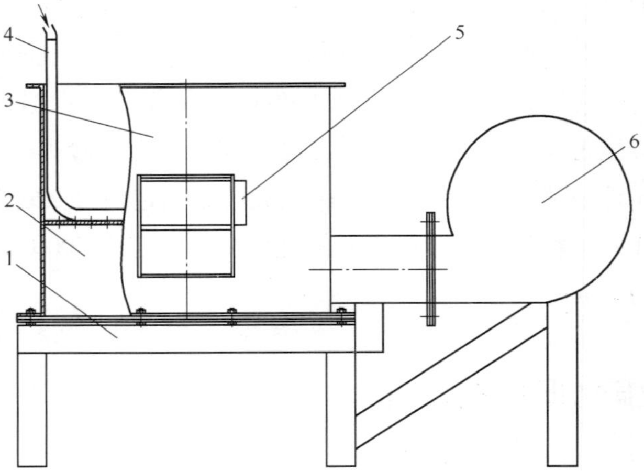

图 2-3　流化床式脆化旧砂冷却装置

1—底座　2—风箱　3—流化床体　4—冷却水管　5—卸料门　6—鼓风机

流化床式脆化旧砂冷却装置由冷却水管、流化床体、风箱、鼓风机、底座、卸料门等组成，其工作原理如图 2-3 所示。当将冷却水管去掉时，可作为普通流化床使用，当保留冷却水管时，流化床将成为水冷流化床。工作时，将热砂加入流化床中，鼓风机将空气送入流化床底部的风箱，然后经床板上的喷嘴进入砂层，使砂子流态化，在此过程中气流和砂子进行对流换热，砂子得到了冷却。在设置为水冷流化床时，工作时向冷却水管内通冷却水，

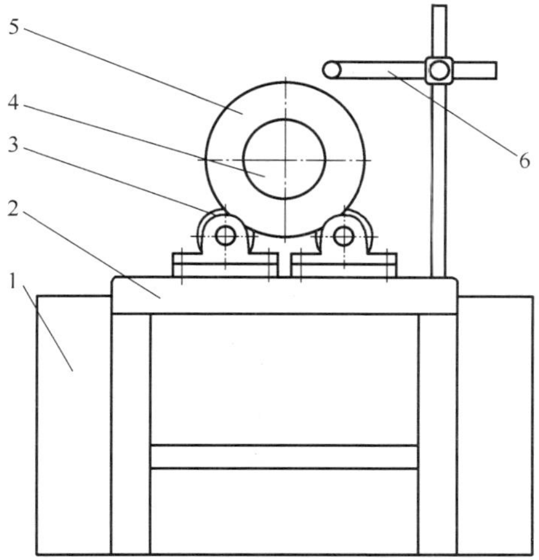

图 2-4　滚筒式脆化旧砂冷却装置

1—水箱　2—底座　3—托轮　4—加砂口　5—滚筒　6—水幕喷头

这时砂子一方面和空气进行对流换热来冷却，另一方面砂子和冷却水管之间进行传导换热进行冷却，砂子传给冷却水管的热量由冷却水带走，并可通过调节冷却水的流量及温度调节冷却水管和砂子之间的换热强度，从而调节砂子的冷却速度。

滚筒式脆化旧砂冷却装置由水箱、底座、加砂口、滚筒、托轮、水幕喷头等组成，其工作原理如图 2-4 所示。滚筒支撑在托轮上，调速电动机驱动托轮靠摩擦力带动滚筒匀速转动。工作时热砂由滚筒端部加入，在滚筒内壁做滑动及翻滚运动，通过传导换热砂子将热量传给滚筒，砂子得到了冷却。水幕喷头向滚筒外壁喷水和滚筒与大气之间的自然换热相结合，使滚筒保持较低的温度，滚筒和砂子之间始终保持较高的换热强度。

为了考察各种冷却方法对脆化旧砂冷却的可行性，以粒度为 50/100，平均粒径为 0. 2884mm，角形系数为 1. 14 的围场砂为研究对象开展了试验研究。将砂子加热到700℃、保温10min，然后分别放入普通流化床、水冷流化床和冷却滚筒中进行冷却，每隔5s记录砂子的温度，直至砂子的温度接近室温。将砂子从冷却设备中放出，分别测试其粒度分布、角形系数并计算其平均粒径。将经过1次焙烧和冷却的砂子重复上述操作得到经2次焙烧和冷却的砂子，以此类推，直至对砂子进行10次焙烧和冷却，以观察不同冷却方法和焙烧及冷却次数对砂子粒度和粒形的影响，试验结果见图2-5和表2-5、表2-6[12]。

由图2-5可以看出，在热砂进入冷却设备的初期，砂子温度高，降温速度快。随着砂子温度的降低，其降温速度也随之降低。当砂子温度接近室温时，砂子的降温速度缓慢。对于普通流化床，砂子冷却速度由快转慢的转折点约在200℃左右，而对于水冷流化床和水冷却滚筒，砂子冷却速度由快转慢的转折点约在75℃左右。

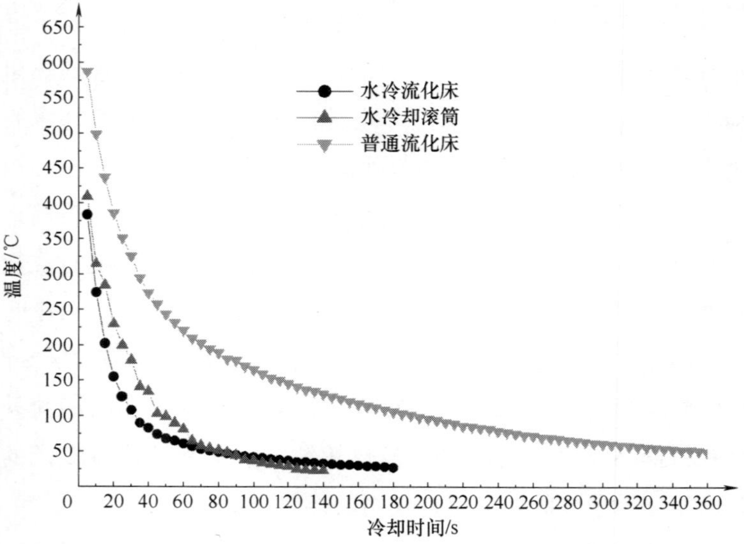

图2-5 不同冷却条件下砂子温度与冷却时间的关系

水冷流化床和水冷却滚筒对砂子的冷却速度快，经 700℃脆化的热砂经 2min 左右的冷却时间其温度已接近室温，而普通流化床对砂子的冷却速度慢，在相同的环境温度下，700℃脆化的热砂需冷却 7 ~ 10min 才能冷却至接近室温。

表 2-5、表 2-6 所列的是不同冷却条件和循环次数下砂子的平均直径及其角形系数。由表 2-5、表 2-6 可以看出，采用普通流化床、水冷流化床、水冷却滚筒对 700℃脆化 10min 的砂子进行冷却时，砂子的平均直径和角形系数没有明显的变化，这表明对砂子进行有限次（10 次）的脆化和冷却，采用普通流化床、水冷流化床或水冷却滚筒均不会对砂子的粒度和粒形造成不利的影响。在表 2-5 中出现了脆化冷却后的砂子和原砂相比平均直径变化率为负值的现象，这并不表示脆化和冷却使砂子的平均直径变大，而是在冷却过程中，由于工作气流将砂子中的微小颗粒带走，起到了去除砂子中微粉的作用，在这种情况下计算砂子的平均直径，就造成了砂子平径直径的变大，出现了砂子经脆化和冷却，平均直径不但不变小反而增加的假象，这也从另一个方面证明，多次脆化及采用普通流化床、水冷流化床、水冷却滚筒对砂子进行冷却时，不会造成砂子平均直径的变小，即不会对砂子有破碎作用。

表 2-5　不同冷却条件和循环次数下砂子的平均直径

循环次数	普通流化床		水冷流化床		水冷却滚筒	
	平均直径/mm	直径变化率(%)	平均直径/mm	直径变化率(%)	平均直径/mm	直径变化率(%)
4	0.2960	-2.60	0.2911	-0.94	0.2852	1.10
5	0.2912	-0.97	0.2943	-2.04	0.2863	0.73
6	0.2919	-1.21	0.2997	-3.92	0.2892	-0.28
7	0.2906	-0.76	0.2995	-3.85	0.2863	0.73
8	0.2898	-0.48	0.2958	-2.56	0.2874	0.35
9	0.2935	-1.77	0.2990	-3.67	0.2903	-0.66
10	0.2931	-1.63	0.3028	-4.99	0.2896	-0.42

表 2-6 不同冷却条件和循环次数下砂子的角形系数

循环次数	普通流化床	水冷流化床	水冷却滚筒
4	1.14	1.13	1.12
5	1.14	1.14	1.12
6	1.15	1.15	1.12
7	1.15	1.17	1.16
8	1.16	1.15	1.15
9	1.16	1.14	1.14
10	1.16	1.15	1.12

水冷流化床和水冷却滚筒对脆化后的旧砂均具有较好的冷却效果，但冷却滚筒在工作时，砂子堆积到滚筒的底部，滚筒的大部分有效工作面积不能同时和砂子接触，无法发挥出对砂子的冷却作用，在相同生产率的情况下，和水冷流化床相比结构庞大。而水冷流化床工作时，冷却水管埋在砂子中，可有效利用冷却水管的有效换热面积，并可方便地通过控制冷却水的流量及温度来控制对脆化旧砂的冷却速度和冷却效果，结构紧凑。因此，水冷流化床在脆化旧砂的冷却中更受铸造工作者的欢迎。

2.3 粘土旧砂的完全再生

旧砂再生的基本方法有机械法、气流法、湿法和热法，其中热法再生不能去除粘土旧砂表面的粘土膜，因此热法再生不适用于粘土旧砂的再生。湿法再生虽然可以通过冲洗去除粘土旧砂中砂粒表面的粘土膜使砂子得到再生，但是在旧砂再生过程中会产生大量的污水和污泥，从而造成对环境的二次污染，在此情况下，机械再生和气流再生成为粘土旧砂完全再生的首选。本章 2.1 节在确定再生前粘土旧砂的脆化温度时，脆化后旧砂的再生采用了逆流转子式再生机，试验结果证明采用逆流转子式再生机对脆化后的粘土旧砂进行再生，可以获得完全再生砂。本节将对另外几种具有代表性的机械及气流再生装置——磨轮再生机、气流再生机以及振动再生机对粘土旧砂完全再生的适用性进行试验研究。研究中采用 700℃ 脆化 10min→冷却至室温→再生→微粉分离的技术路线，分别采用磨轮再生机、气流再生机以及振动再生机对脆化后冷却至室温的粘土旧砂进行再生，以考察各种再生方法对粘土旧砂完全再生的适用性。

磨轮再生机工作原理如图 2-6 所示[13,14]。工作时启动磨轮驱动电动机及鼓风机，旧砂由进料口加入再生机中，鼓风机鼓入风

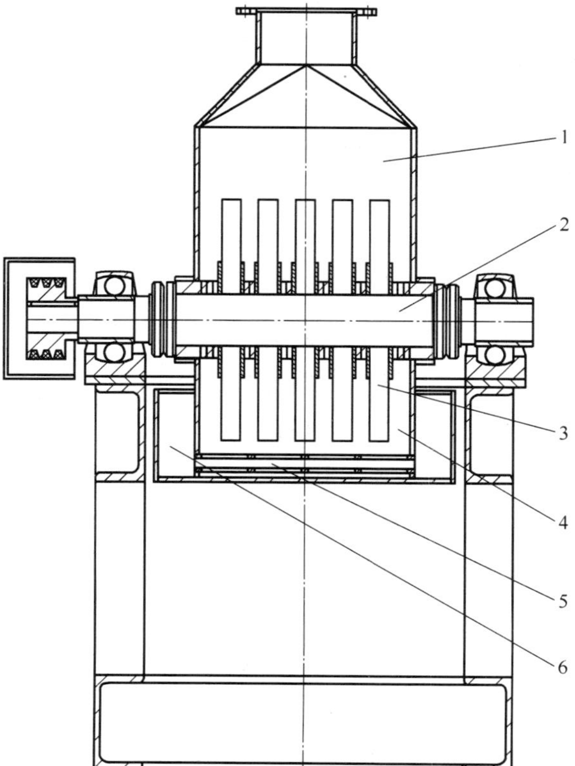

图 2-6　磨轮再生机工作原理

1—上床体　2—磨轮轴　3—磨轮　4—下床体　5—流化管　6—风箱

箱6内的气体经流化管5上的喷嘴鼓入砂层，使砂子处于流态化状态，埋入砂层中的磨轮3高速旋转对砂子产生磨削作用，同时在磨轮3和砂粒之间摩擦力的作用下，使砂子产生剧烈的运动，砂粒与高速旋转的磨轮3之间、砂粒与砂粒之间、砂粒与床体1及4之间产生剧烈的碰撞和搓擦，砂粒表面的粘土膜被剥离下来，砂子得到了再生。

竖吹式气流再生机的工作原理如图2-7所示。工作时，砂子从加砂口3加入再生机并堆积在吹砂管下端的四周，压缩空气从喷嘴4高速喷出并射入吹砂管2，堆积在吹砂管四周的砂子在气流的诱导作用下混入气流并沿吹管高速向上运动。由于附壁效应，在吹砂管横断面上气固两相流的速度呈中心高沿径向逐渐降低的分布规律，造成了砂子之间的相对运动，对砂子有初步的再生作用，最终砂子高速撞击到球形撞击靶1上，砂粒和撞击靶及砂粒和砂粒之间产生强烈的碰撞和搓擦，砂子得到了再生。

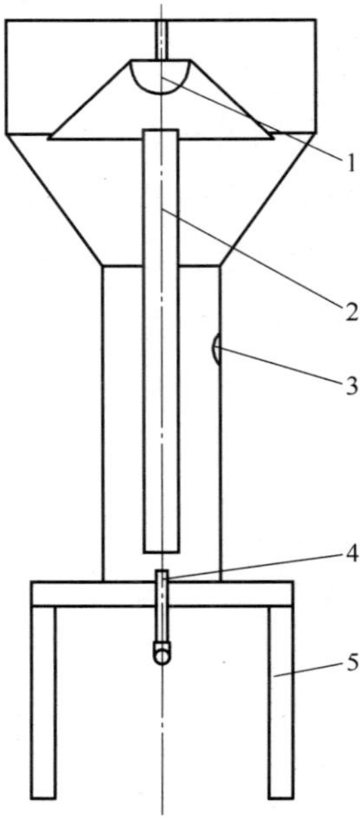

图2-7 竖吹式气流再生机

1—球形撞击靶 2—吹砂管 3—加砂口 4—喷嘴 5—机架

振动再生机的工作原理如图2-8所示。工作时将旧砂加入料筒3中，料筒3在激振力的驱动下做螺旋扭摆振动，料筒中的砂子在料筒的驱动下频繁地被抛起和下落，在此过程中，砂子和料筒，砂子和砂子之间不断产生碰撞和搓擦，砂子表面的粘结剂膜被去除，砂子得到了再生。

在确定适用于粘土旧砂完全再生的方法过程中，选用粒度为

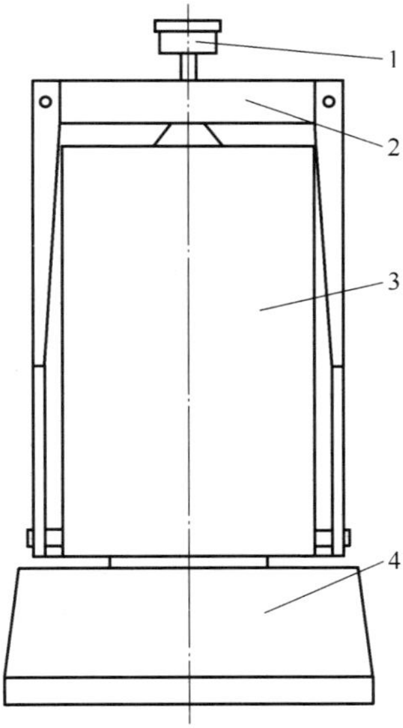

图 2-8　振动再生机

1—压紧手柄　2—横梁　3—料筒　4—机座

50/100，泥分含量的质量分数为 0.4% 的大林砂为原砂，以由其混制的粘土旧砂为研究对象，将其在 700℃ 脆化 10min 并冷却至室温，分别在磨轮再生机、气流再生机和振动再生机中再生 5min，以考察其对粘土旧砂完全再生的工艺适用性，试验结果见表 2-7[15]。

表 2-7　不同再生方法获得的粘土完全再生砂泥分含量的质量分数

再生方法	再生砂的粒度	再生次数	再生砂泥分含量的质量分数（%）
磨轮再生	50/100	3	0.26
竖吹式气流再生	50/100	3	0.31
扭摆振动再生	50/100	3	0.56

由表 2-7 可以看出，采用 700℃脆化 10min + 磨轮再生机再生、700℃脆化 10min + 竖吹式气流再生机再生均得到了和新砂相比粒度不发生明显变化，泥分含量低于同种新砂的粘土再生砂。而采用 700℃脆化 10min + 扭摆振动再生机再生所得到的再生砂，和新砂相比粒度未发生明显变化，但泥分含量高于同种新砂。由此可见，磨轮再生机、气流再生机和逆流转子再生机一样可用于粘土旧砂的完全再生，而振动再生机不能用于粘土旧砂的完全再生。

2.4 粘土再生砂的微粉分离

粘土再生砂的微粉分离就是将再生后混于再生砂中的微粉从砂子中分离出去，从而获得泥分含量低于同种新砂的粘土旧砂完全再生砂。工业领域对颗粒状物料进行分级的方法有筛分法和风选法。筛分法是用不同孔径的筛网对颗粒状物料进行机械分级的方法。本课题组曾利用 SSD 电磁微震筛砂机[16]通过筛分法对再生后的粘土砂进行微粉分离，筛分后再生砂中的微粉含量始终高于同种新砂，分离效果不佳，实践证明筛分法不能用于粘土再生砂的微粉分离。风选法是利用不同材质不同粒径物料悬浮速度的差异，借助风力将不同粒径或不同材质物质分开的方法。常用风选设备有流化床和流幕式风选机。流化床可用于粘土再生砂的微粉分离已在 2.1 节的研究中得到了证实，而流幕式风选机是否适用于粘土再生砂的微粉分离呢？为此，利用图 2-9 所示的流幕式风选机[17]对粘土完全再生砂微粉分离的适用性进行试验研究。

工作时将砂子加入砂斗 2 内，砂子从出砂口 3 以流幕状下落，通过调节出砂口的开度可以调节砂幕的厚度。风机通过吸风管吸风，气流从进风口 4 进入，穿过砂层，将混于砂子中的微粉和砂子分离并使其处于悬浮状态，随气流一起被风吸走，砂子和微粉实

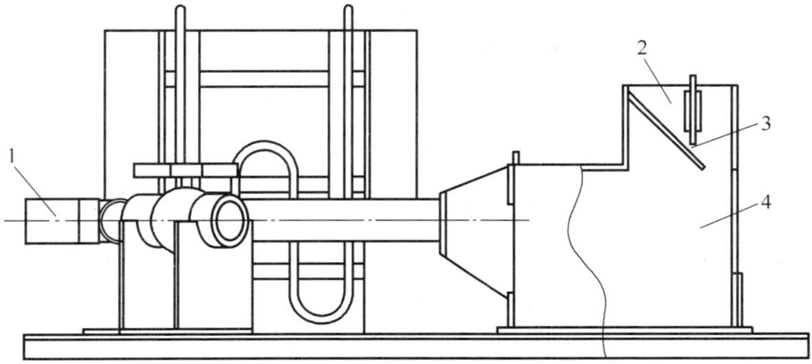

图 2-9　流幕式风选机[17]

1—引风口　2—砂斗　3—出砂口　4—进风口

现了分离。在流幕式风选机中砂子呈自由落体状下落，砂子和风选气流的作用时间短，综合考虑减少风选时砂子损失等因素，风选速度不宜选得太大，在此情况下，经多次风选仍不能使粘土再生砂中的微粉含量低于新砂，这表明流幕式风选机不适用于粘土旧砂完全再生砂的微粉分离。

2.5　逆流转子再生机的工作参数[18]

逆流转子再生机的主要工作参数为滚筒回转速度和转子转速，这两个速度直接关系到旧砂在再生过程中碰撞和搓擦的强烈程度，影响到旧砂的再生效果。滚筒转速的确定采用了控制物料下落角度的方法，通过理论计算获得。转子速度的确定采用了砂粒最大破碎率法，主要通过试验获得。

2.5.1　滚筒的回转速度

为了使进入滚筒内的旧砂在被滚筒带到一定高度下落过程中落入转子的工作区域被转子承接并抛击，滚筒的转速不能太低也不能太高。如果滚筒转速太低，滚筒就不能将物料举升到所要求的高度，物料下落时不能落入转子的工作区域之内，转子和砂子之间无法进行碰撞和搓擦，转子对砂子的再生作用得不到有效发挥，将影响逆流转子再生机的再生效果。如果滚筒转速太高，物料就会在离心惯性力的作用下随滚筒360°转动而无法下落。因此，滚筒的转速应该在保证砂子能落入转子工作区域和使砂子随滚筒360°转动的最大极限转速之间选择。

图2-10所示的是砂粒在逆流转子再生机滚筒中的受力分析。D_1 为滚筒的内径，$D_1=492\text{mm}$。根据设计要求，滚筒中砂层的厚度不超过20mm，在均匀进料的情况下，砂层在滚筒内均匀分布。D_2 为砂层内表面所在圆的直径，$D_2=432\text{mm}$。D_3 为转子回转直径，$D_3=275\text{mm}$。将砂粒看成一个质点，在离心惯性力的作用下将内层的砂子举升到 A_2 点，外层的砂子举升到 A_1 点使其下落，砂子将刚好落入转子的作用区域之内，为此建立砂子在滚筒内的受力平衡方程式为：

$$mg\sin\alpha_1=\frac{1}{2}mD_1\omega_1^2 \tag{2-1}$$

$$mg\sin\alpha_2=\frac{1}{2}mD_2\omega_2^2 \tag{2-2}$$

式中 m——砂子质量，单位为kg；

α_1、α_2——砂子下落时的外层下落角和内层下落角，单位为°，按照砂子被滚筒举升到一定高度下落时能落入转子工作区域的最小角度计算得 $\alpha_1=56.02°$，$\alpha_2=52.53°$；

ω_1、ω_2——对应于砂子外层下落角和内层下落角时的滚筒角速度，单位为rad/s；

g——重力加速度，单位为m/s^2；

D_1——滚筒内径，单位为m；

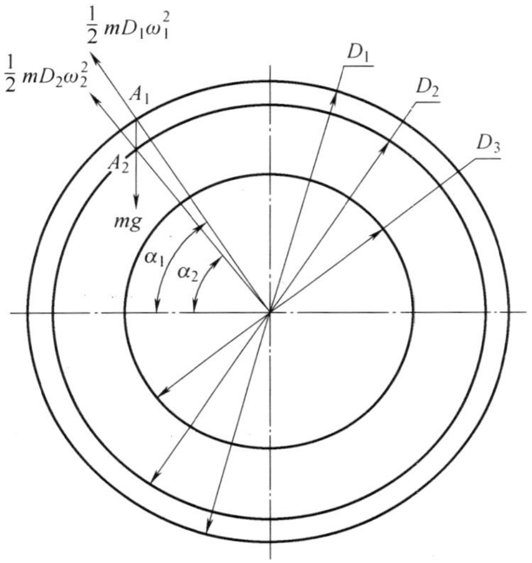

图2-10　砂粒在逆流转子再生机滚筒中的受力分析

D_2——砂层内表面所在圆的直径，单位为 m。

将以上数据带入式（2-1）和式（2-2）得：$\omega_1 = 5.75\text{rad/s}$、$\omega_2 = 5.87\text{rad/s}$。

由上述结果可知，只要使滚筒的回转角速度大于 5.87rad/s 就能保证砂子全部落入转子的工作区域内，为此选取滚筒转速为 5.9rad/s，此时物料的内层下落角为 53.39°，外层下落角为 60.90°。

2.5.2　转子的回转速度

由于砂粒自身强度的限制，砂子进行碰撞搓擦的强烈程度也有一定限度，这个限度就是在再生过程中将砂粒的破碎率控制在一定的范围内。砂粒的破碎率，表示旧砂再生过程中使砂粒破碎变细的程度，目前我国还没有对旧砂再生过程中的砂粒破碎率做出明确规定，也没有相应的标准检测方法，在研究中我们采用砂粒平均直径变化率来表示砂粒在再生过程中的破碎率。分别检测再生砂及原砂的粒度分布，然后利用砂粒平均直径计算公式(2-3) 分别计算再生砂及原砂的平均直径，再利用式（2-4）计算砂粒的直径变化率。以梧龙砂和围场砂为例，不同转子线速度下测得的砂子的粒度分布和计算所得的砂粒直径变化率见表2-8～表2-11。

$$d_p = \sum_{i=1}^{n} \frac{x_i d_i}{x_i} \tag{2-3}$$

式中 d_p——砂粒的平均计算直径，单位为mm；

x_i——i 粒度间隔内的物料质量，单位为g；

d_i——d_i、d_{i-1}相邻筛孔的尺寸，$d_i=(d_{i-1}d_i)^{-2}$，单位为mm。

$$\text{砂粒直径变化率} = \frac{\text{再生前砂粒平均计算直径}-\text{再生后砂粒平均计算直径}}{\text{再生前砂粒平均计算直径}} \times 100\% \tag{2-4}$$

表2-8 梧龙砂在不同转子线速度下再生后的粒度分布

筛号			各筛质量/g									
			20	30	40	50	70	100	140	200	270	底盘
原砂			0.01	0.04	0.38	2.47	18.74	16.74	11.35	0.35	0.07	0.01
再生砂	转子线速度/(m/s)	10.1	0.015	0.025	0.40	2.88	17.69	15.99	12.19	0.47	0.32	0.055
		15.1	0.01	0.04	0.34	2.95	16.23	16.81	12.76	0.52	0.33	0.08
		20.2	0.015	0.035	0.31	2.36	14.57	17.73	13.71	0.79	0.36	0.145
		25.9	0.01	0.015	0.215	2.42	15.10	17.27	13.26	0.795	0.52	0.39
		30.1	0.01	0.02	0.21	2.16	14.64	17.73	13.47	0.73	0.61	0.44

表2-9 梧龙砂在不同转子线速度下再生后的破碎率

逆流转子线速度/(m/s)	10.1	15.1	20.2	25.9	30.1
原砂的平均直径 d_p/mm	0.2435	0.2435	0.2435	0.2435	0.2435
再生后砂子的平均直径/mm	0.2415	0.2380	0.2301	0.2292	0.2269
砂粒平均直径变化率（%）	0.82	2.26	5.50	5.87	6.82

表 2-10 围场砂在不同转子线速度下再生后的粒度分布

筛号			各筛质量/g										
			12	20	30	40	50	70	100	140	200	270	底盘
原砂			0.09	0.37	0.19	5.37	11.77	24.85	6.58	0.26	0.10	0.04	0
再生砂	转子线速度/(m/s)	23	0	0	0.01	3.76	13.58	22.51	6.67	2.92	0.05	0.40	0.06
		25.9	0	0	0.01	3.115	13.38	22.3	7.23	3.32	0.05	0.44	0.09
		30.1	0	0	0.02	1.88	10.63	23.62	8.47	4.17	0.45	0.39	0.34

表 2-11 围场砂在不同转子线速度下再生后的破碎率

转子线速度/(m/s)	23	25.9	30.1
再生前砂粒的平均直径 d_p/mm	0.358	0.358	0.358
再生后砂粒的平均直径/mm	0.338	0.328	0.306
砂粒直径变化率（%）	5.59	8.40	14.50

由表 2-8 和表 2-9 可以看出，梧龙砂的粒度主要分布在 50、70、100 和 140 四个筛号上。当逆流转子再生机转子叶片的线速度为 30.1m/s 时，砂子的四筛粒度并未发生变化，但其平均计算直径确有明显的变化，为了减少再生过程对砂子的破碎，我们将砂粒平均直径变化率控制在 5% 左右，为此可以选定逆流转子再生机的转子线速度为 23m/s。

由表 2-10 和表 2-11 可以看出，围场砂的粒度主要分布在 40、50、70 和 100 四个筛号上，当逆流转子再生机转子叶片的线速度为 30.1m/s 时，经一次再生后围场原砂的四筛粒度发生了明显的变化，这时四筛粒度集中在了 50、70、100 和 140 四个筛号上，且砂粒直径变化率为 14.50%。当转子线速度为 26m/s 时，经一次再生后围场砂的四筛粒度仍集中在 50、70、100 和 140 四个筛号上，但砂粒的平均直径变化率已降低为 8.40%。当转子线速度为 23m/s 时，经一次再生后围场砂的粒度没有发生变化，且砂粒的平均直径变化率已降至6%以下。为此粘土旧砂再生过程中，取逆流转子再生机转子线速度为23m/s。

为了验证由试验确定的逆流转子再生机滚筒转速及转子转速对粘土旧砂完全再生的工艺适用性，以围场砂和梧龙砂为研究对象，将逆流转子再生机滚筒转速选定为5.9rad/s，转子线速度选定为23m/s，按照700℃脆化10min+逆流转子再生+流化床微粉分离的粘土旧砂完全再生工艺对由围场砂和梧龙砂混制的粘土旧砂进行了再生，试验结果见表2-12和表2-13。

表2-12　由围场砂混制的粘土旧砂在不同再生状态下的泥分含量及泥分去除率的质量分数

砂子状态	粘土旧砂	原砂	粘土旧砂的再生砂		
			一次再生	二次再生	三次再生
泥分含量的质量分数（%）	8.31	0.31	0.67	0.49	0.28
泥分去除率的质量分数（%）	0	0	91.9	94	96.6

表2-13　由梧龙砂混制的粘土旧砂在不同再生状态下的泥分含量及泥分去除率的质量分数

砂子状态	粘土旧砂	原砂	粘土旧砂的再生砂		
			一次再生	二次再生	三次再生
泥分含量的质量分数（%）	8.32	0.32	0.64	0.50	0.25
泥分去除率的质量分数（%）	0	0	92.3	94.0	97.0

由表2-12和表2-13可以看出，由围场砂和梧龙砂混制的粘土旧砂经过一次再生后泥分去除率的质量分数分别为91.9%和92.3%，泥分去除效果良好，但是再生砂泥分含量的质量分数仍高于新砂。经三次再生后，由围场砂和梧龙砂混制的粘土旧砂再生后泥分含量的质量分数分别为0.28%和0.25%，各自低于其新砂泥分含量的质量分数，达到了对再生砂泥分含量的要求，证明

了通过试验所确定的逆流转子再生机工作参数对粘土旧砂完全再生的工艺适应性。

2.6　磨轮再生机及负压流化床的工作参数

2.6.1　磨轮再生机的工作参数

磨轮再生机的工作参数主要有两个，一个是承载构件流化床的工作参数，将在第 6 章粘土旧砂完全再生成套设备设计实例中加以介绍；另一个是磨轮的转速。旧砂再生过程中砂粒受到反复的碰撞和搓擦，造成了砂粒不同程度的破碎，使砂粒细化。为了不影响再生后砂子的粒度分布，以围场砂为研究对象，将再生后砂子的平均直径变化率控制在 5% 左右，通过试验确定磨轮再生机磨轮的适宜转速，试验结果见表 2-14 和表 2-15[14]。

表 2-14　不同磨轮转速下再生后砂子的粒度分布

		各筛质量/g								
筛号		30	40	50	70	100	140	200	270	底盘
磨轮转速/(r/min)	0	0.015	1.511	20.728	21.04	5.978	0.708	0.016	0.005	0
	1200	0.012	1.504	20.11	20.403	5.954	1.348	0.373	0.202	0.11
	1400	0.011	1.487	20.12	20.36	5.892	1.346	0.472	0.208	0.109
	1600	0.012	1.477	20.08	20.125	5.853	1.533	0.575	0.25	0.12
	1800	0.006	1.391	20.173	20.013	5.709	1.712	0.545	0.31	0.144

表 2-15　不同磨轮转速下再生后砂子的平均直径变化率

磨轮转速/(r/min)	1200	1400	1600	1800
再生前砂粒的平均直径/mm	0.2927	0.2927	0.2927	0.2927
再生后砂粒的平均直径/mm	0.2873	0.287	0.2859	0.2851
砂粒的平均直径变化率（%）	1.84%	1.95%	2.32%	2.6%

由表 2-14 和表 2-15 可以看出，当磨轮的转速从 1200r/min 到 1800r/min 变化时，砂子的粒度没发生明显的变化，140 号筛上的砂子质量有所增加。随磨轮转速的提高，砂子的平均直径变化率增加。当磨轮转速达到 1800r/min 时，砂子的平均直径变化率仅为 2.6%。为确定适用于粘土旧砂完全再生的磨轮转速，分别取表 2-15 中磨轮的四种速度，按照 700℃脆化 10min + 磨轮再生 + 流化床微粉分离的粘土旧砂完全再生工艺对由围场砂和大林砂混制的粘土旧砂进行再生，结果在 1200r/min 时经四次再生即得到了泥分含量的质量分数低于同种新砂的粘土再生砂，试验结果见表 2-16[19]。

表 2-16　磨轮转速为 1200r/min 时获得的粘土再生砂性能

砂 子 状 态	粒度	角形系数	泥分含量的质量分数（%）
围场原砂	55/100	1.10	0.283
由围场砂混制粘土旧砂的四次再生砂	55/100	1.11	0.147
大林原砂	55/100	1.18	0.381
由大林砂混制粘土旧砂的四次再生砂	55/100	1.08	0.122

由表 2-16 可以看出，在磨轮转速为 1200r/min 的情况下，经过四次再生所获得的粘土旧砂再生砂，和同种新砂相比粒度和粒形没有发生变化，泥分含量的质量分数低于同种新砂，因此，确定磨轮再生机用于粘土旧砂完全再生的适宜磨轮转速为 1200r/min，而此时砂粒的平均直径变化率仅为 1.84%，这表明在达到同样再生效果的情况下，磨轮再生机对砂子的破碎率明显低于逆流转子再生机。

2.6.2　负压流化床的工作参数

当将物料加入流化床之后，开启风机，外部空气由流化床底部进入流化床，产生从料层底部到顶部的运动。当气流在料层中流动的速度较低时，颗粒层静止不动，颗粒间彼此相互接触，流体从颗粒之间的孔隙流过，这种状态的颗粒层称为固定床。随着气体流速的提高，床层开始膨胀，砂粒间空隙和固定床相比增大许多，固体颗粒重复着被流体吹起而后重新落入床层的动作，类似于液体在沸腾，这时流化床进入流态化阶段，通过流化床断面的气流速度称为流态化速度。随着气流速度进一步提高，固体料层的空隙率进一步提高，当气流速度达到颗粒物料的气力输送速度时，物料将被气流带走，这时流化床进入输送床状态[20,21]。铸造用砂由各种不同粒径的砂粒组成，各种粒径的砂粒所需的流态化速度和输送床速度不同，通过选取某一流化床工作速度，使粒径大于 150 目的砂子处于流态化状态，而使粒径小于 150 目的砂子处于输送床状态，而将其从砂子中分离出去，这就是采用流化床进行再生砂微粉分离的原理。因此，负压流化床工作参数的确定问题，就变成了确定能将微粉从再生砂中分离出去的流化床工作速度及物料在流化床内停留时间的问题。

按照 700℃高温脆化 + 逆流转子再生机再生的方法对粘土旧砂进行一次再生，然后将再生砂放入负压流化床中进行风选，通过调节流化床工作时的气体速度，观察流化速度和风选时间对再生砂中泥分含量质量分数的影响。初选流化床的流化速度为 0.81m/s，分别使物料在流化床内停留不同的时间，然后检测风选后再生砂中的泥分含量，以考察风选时间对再生砂泥分含量质量分数的影响，试验结果见表 2-17。

由表 2-17 可以看出，随着物料在流化床内停留时间的延长，风选后再生砂泥分含量的质量分数降低，但停留时间 5min 和 10min 相比，再生砂中泥分含量的质量分数差异不大，为了提高工作效率，物料在流化床内的停留时间确定为 5min。在此基础上，对不同流化速度对再生砂泥分含量质量分数的影响进行了研究，试验结果见表2-18。

表2-17 不同风选时间下再生砂泥分含量的质量分数

风选时间/min	风选后再生砂泥分含量的质量分数（%）
3	0.91
5	0.76
8	0.75
10	0.74

表2-18 不同流化速度下再生砂风选后泥分含量的质量分数

流化速度/(m/s)	风选后再生砂泥分含量的质量分数（%）
0.81	0.96
0.94	0.53
1.05	0.51
1.15	0.51

由表2-18可以看出，当流化床的流化速度为0.94~1.05m/s时，再生砂泥分含量的质量分数已趋于稳定。这表明，再生砂中作为游离态的泥分已通过风选分离干净，这时流化床的工作速度就为最佳流化速度，因此流化床风选机用于粘土再生砂微粉分离的适宜流化速度取0.95m/s。

参考文献

[1] 郭景纯，郭思福．铸造旧砂再生利用及污染治理［M］．广州：中山大学出版社，2001：3-18.

[2] 郭景纯．旧砂再生年度综述［J］．铸造设备研究，1996，(6)：48-49.

[3] 李贵良．大批大量生产铸造厂的粘土旧砂再生研究［D］．昆明：昆明理工大学，1989.

[4] 孙清洲，赵忠魁，张普庆. 实验用转子再生机：中国，200520085277.5 [P]. 2006-12-13.

[5] 孙清洲，张普庆，赵忠魁，等. 实验用小型流化床：中国，200520083536.0 [P]. 2005-2-30.

[6] 刘喜俊. 铸造工艺学 [M]. 北京：机械工业出版社，1999：13.

[7] 中国国家标准化管理委员会. GB/T 2684—2009 铸造用砂及混合料试验方法 [S]. 北京：中国标准出版社，2009.

[8] 孙清洲，张普庆，赵忠魁，等. 脆化温度对粘土再生砂微粉去除率的影响 [J]. 铸造，2009，58（4）：394-396.

[9] 张艳. 粘土旧砂完全再生技术的研究 [D]. 济南：山东建筑大学，2008.

[10] 令军科. CRG 粘土旧砂再生系统的应用 [J]. 铸造技术，2004，25（10）：754-755.

[11] 吕士海，吴彩云，徐海港，等. 粘土砂旧砂再生系统在时风集团的应用 [J]. 中国铸造装备与技术，2007，（6）：47-49.

[12] SUN Q Z, WANG J, ZHANG P Q, etc. Impacts on the Particle Size and Shape of Silica Sands by Different Methods of Cooling [J]. Advanced Materials Research, 2011, 591-593: 900-904.

[13] 孙清洲，许荣福，刘伟. 多排磨轮再生机：中国，200920281035.1 [P]. 2010-8-18.

[14] SUN Q Z, JING J, ZHANG P Q. Principle & Applications of Grinding Wheel Regenerator [J]. Applied Mechanics and Materials, 2011, 121-126: 301-304.

[15] SUN Q Z, WANG J, ZHANG P Q. The Study of the Appropriate Reclamation Method for the Complete Reclamation of the Used Clay Sand [J]. Applied Mechanics and Materials, 432: 7-10.

[16] 余笃武，梁希超，姜不居. 铸造测试仪器的原理及应用 [M]. 北京：机械工业出版社，1990：16-21.

[17] 孙清洲，张普庆，赵忠魁. 一种实验用流幕式风选机：中国，200720029548.4 [P]，2008.

[18] 张艳，孙清洲，张普庆，等. 逆流转子再生机基本参数的确定及应用［J］. 山东建筑大学学报，2008，23（3）：250-252.

[19] 许荣福. 含冷（热）芯盒芯砂粘土砂的再生及应用［D］. 济南：山东建筑大学，2010.

[20] 李诗久，周晓君. 气力输送理论与应用［M］. 北京：机械工业出版社，1992：38-46.

[21] 刘树藩. 铸造机械设计基础［M］. 北京：机械工业出版社，1990：117-120.

第 3 章

不变体系条件下粘土完全再生砂的铸造工艺性能

粘土旧砂是指以粘土砂为型砂，以树脂砂、水玻璃砂等为芯砂的铸件生产系统，经浇注、落砂后所形成的粘土砂和芯砂混合料的总称。在以粘土砂为型砂的铸件生产系统中，根据所使用芯砂的不同又可分为含覆膜砂芯砂粘土砂、含冷芯盒树脂砂芯砂粘土砂、含热芯盒树脂砂芯砂粘土砂、含自硬树脂砂芯砂粘土砂以及含水玻璃砂芯砂的粘土砂。在粘土旧砂完全再生领域，我们将用粘土完全再生砂混制和其再生前所含芯砂相同粘结剂芯砂时的铸造工艺性能称为再生砂在不变体系条件下的铸造工艺性能，而将用粘土完全再生砂混制和其再生前粘土砂中所含芯砂不同粘结剂芯砂时的铸造工艺性能称为再生砂在变体系条件下的铸造工艺性能[1]。本章将重点讨论不变体系条件下含不同芯砂粘土砂的完全再生砂的铸造工艺性能。

3.1 不变体系条件下含覆膜砂芯砂粘土砂的再生砂铸造工艺性能

不变体系条件下含覆膜砂芯砂粘土砂的再生砂铸造工艺性能的考察采用了试验研究的方法。试验用原砂为围场砂和大林砂，其主要性能指标见表3-1。膨润土为山东安丘产膨润土，煤粉为山东平度产煤粉，混制覆膜砂所用树脂为圣泉集团股份有限公司生产的粒状热塑性酚醛树脂，固化剂为乌洛托品水溶液，润滑剂为硬脂酸钙。

表3-1 原砂的主要性能指标

砂子种类	粒度	角形系数	耗酸值/mL	泥分含量的质量分数（%）
围场砂	50/100	1.32	7.4	0.30
大林砂	70/140	1.22	8.2	0.40
	50/100	1.18	7.92	0.38
梧龙砂	50/100	1.42	7.12	0.32

在实验室条件下混制普通粘土砂、含煤粉粘土砂、含覆膜砂芯砂粘土砂及含煤粉和覆膜砂芯砂的粘土砂。普通粘土砂的配比为：原砂∶膨润土的质量分数为92∶8，水占砂子和粘土质量之和的3.5%。含煤粉粘土砂的配比为：原砂∶膨润土∶煤粉的质量分数为87∶8∶5，水占砂、粘土及煤粉质量之和的3.5%。含覆膜砂芯砂粘土砂的配比为：(原砂+覆膜砂)∶膨润土的质量分数为92∶8，水占砂子和粘土质量之和的3.5%，粘土砂中覆膜砂的含量分别占砂子质量的5%、10%、15%、20%、25%、30%、35%、40%。含煤粉和覆膜砂芯砂粘土砂的配比为：(原砂+覆膜砂)∶膨润土∶煤粉的质量分数为87∶8∶5，水占砂、粘土及煤粉质量之和的3.5%，粘土砂中覆膜砂的含量分别为砂子质量的5%、10%、15%、20%、25%、30%、35%、40%。粘土砂的混制采用碾轮式混砂机，其混砂工艺如图3-1所示。

砂子(原砂、芯砂)+水 $\xrightarrow{\text{混30s}}$ 粘土(煤粉) $\xrightarrow{\text{混270s}}$ 出砂

图3-1 粘土砂混砂工艺

将混制好的粘土砂进行风干并散粒化，然后在 700℃ 温度下脆化 10min。将经高温脆化的粘土砂冷却至室温，放入逆流转子式再生机中进行三至四次再生，每次再生 5min，然后在流化床式风选机中风选 5min，以去除再生砂中的微粉，最后对再生砂进行磁选，分别检测再生砂的泥分含量、粒度、角形系数及磁选前后的耗酸值，检测结果见表 3-2、表 3-3 和表 3-4[2]。

表 3-2　不含芯砂粘土砂再生后的性能

砂子种类		粒度	角形系数	泥分含量的质量分数（%）	耗酸值/mL	
					未磁选	磁选
50/100 围场砂	纯粘土砂四次再生砂	50/100	1.21	0.20	11.6	11.0
	含煤粉粘土砂四次再生砂	50/100	1.23	0.21	11.5	9.8
70/140 大林砂	纯粘土砂四次再生砂	70/140	1.12	0.21	14.3	13.4
	含煤粉粘土砂四次再生砂	70/140	1.14	0.22	12.1	11.5

表 3-3　由围场砂混制的含覆膜砂芯砂粘土砂再生后的性能

芯砂占砂子的质量分数（%）			5	10	15	20	25	30	35	40
含覆膜砂芯砂粘土砂的四次再生砂	粒度		50/100	50/100	50/100	50/100	50/100	50/100	50/100	50/100
	角形系数		1.20	1.22	1.21	1.22	1.21	1.21	1.20	1.20
	泥分含量的质量分数（%）		0.10	0.09	0.07	0.10	0.11	0.13	0.04	0.04
	耗酸值/mL	未磁选	11.5	11.6	11.8	13.7	13.1	12.6	13.9	12.3
		磁选	11.4	11.1	11.4	12.7	12.1	12.1	12.4	11.1
含煤粉和覆膜砂芯砂粘土砂的四次再生砂	粒度		50/100	50/100	50/100	50/100	50/100	50/100	50/100	50/100
	角形系数		1.21	1.20	1.18	1.22	1.19	1.20	1.18	1.17
	泥分含量的质量分数（%）		0.13	0.15	0.21	0.20	0.18	0.20	0.21	0.17
	耗酸值/mL	未磁选	11.0	11.4	11.4	11.3	11.3	11.3	10.9	11.1
		磁选	10.1	10.4	9.7	10.0	11.0	10.6	9.5	11.0

表 3-4 由大林砂混制的含覆膜砂芯砂粘土砂再生后的性能

芯砂占砂子的质量分数（%）			5	10	15	20	25	30	35	40
含覆膜砂芯砂粘土砂的四次再生砂	粒度		70/140	70/140	70/100	70/140	70/140	70/140	70/140	70/140
	角形系数		1.12	1.09	1.10	1.08	1.07	1.08	1.10	1.07
	泥分含量的质量分数（%）		0.19	0.17	0.14	0.15	0.12	0.11	0.17	0.18
	耗酸值/mL	未磁选	15.4	15.8	15.6	14.5	14.7	13.7	13.4	13.0
		磁选	13.7	13.8	13.5	13.3	13.9	12.8	12.8	11.6
含煤粉和覆膜砂芯砂粘土砂的四次再生砂	粒度		70/140	70/140	70/140	70/140	70/140	70/140	70/140	70/140
	角形系数		1.04	1.06	1.04	1.04	1.03	1.05	1.04	1.03
	泥分含量的质量分数（%）		0.29	0.32	0.18	0.27	0.17	0.22	0.18	0.18
	耗酸值/mL	未磁选	14.7	15.0	14.9	13.9	15.0	15.3	17.1	16.4
		磁选	11.2	12.0	13.5	11.4	13.7	12.3	14.2	13.9

由表3-1、表3-2、表3-3和表3-4可以看出，由围场砂和大林砂混制的纯粘土砂、含煤粉粘土砂、含覆膜砂芯砂粘土砂以及含煤粉和覆膜砂芯砂的粘土砂经过700℃脆化10min+逆流转子再生机再生+流化床风选机微粉分离后，粒度与原砂相比没有发生变化，角形系数略有降低，粒形更趋圆整，但耗酸值均比各自原砂有所升高。再生过程中砂子和再生机构件的碰撞搓擦，造成了再生机零件的微量磨损，磨损而产生的金属微粒成为使再生砂耗酸值升高的一个因素，对再生砂进行磁选，消除了再生机磨损对再生砂耗酸值升高的影响，因此经磁选后的再生砂其耗酸值和磁选前相比略有降低。由围场砂、大林砂混制的粘土砂经四次再生后其泥分含量的质量分数低于同种新砂。粘土砂中覆膜砂芯砂的含量，以及是否加入煤粉，对再生砂的性能没有明显的影响。由此可以看出，对于含覆膜砂芯砂的粘土砂可以利用逆流转子再生机，获得的完全再生砂和新砂相比，粒度不发生变化，粒形更趋圆整，泥分含量低，但耗酸值高。

分别取新砂和含覆膜砂芯砂粘土砂的完全再生砂，将其加入覆膜砂混砂机中，加热到 160℃并加入占砂子质量分数为 3% 的粒状热塑性酚醛树脂混砂 60s，当砂子温度降至 110℃时加入占树脂质量分数为 12% 的乌洛托品水溶液，鼓风冷却 60 ~ 70s 后加入占树脂质量分数为 3% 的硬脂酸钙，在砂子温度降至 70 ~ 80℃时出砂，经破碎、筛分获得由新砂和含覆膜砂芯砂粘土砂的完全再生砂混制的覆膜砂[3]。

分别取由新砂和含覆膜砂芯砂粘土砂的完全再生砂混制的覆膜砂，将其加入加热到（232 ±5)℃的“8”字抗拉强度试样模具中稍加紧实并刮平表面，然后将模具送入在（232 ±5)℃下的恒温加热装置中保温 3min，将试样取出后 15s 内测试其热态抗拉强度，冷却至室温后在 1h 内测试其常温抗拉强度，检测结果见表 3-5 和表 3-6[4]。

表 3-5　由原砂及不含芯砂粘土砂的再生砂混制的覆膜砂抗拉强度

砂子种类	50/100 围场砂			70/140 大林砂		
	原砂	再生砂①	再生砂②	原砂	再生砂①	再生砂②
常温抗拉强度/MPa	1.90	2.30	2.08	2.04	2.00	2.14
热态抗拉强度/MPa	1.15	1.08	0.80	1.14	0.93	0.92

① 纯粘土砂四次再生砂。
② 含煤粉粘土砂四次再生砂。

表 3-6　含覆膜砂芯砂粘土砂再生后混制覆膜砂时的抗拉强度

再生前粘土砂中覆膜砂芯砂的质量分数(%)			5	10	15	20	25	30	35	40
常温抗拉强度/MPa	50/100 围场砂	再生前粘土砂不含煤粉	2.15	2.32	2.50	2.58	2.60	2.55	2.40	2.10
		再生前粘土砂含煤粉	2.02	2.15	2.20	2.40	2.45	2.35	2.28	1.90
	70/140 大林砂	再生前粘土砂不含煤粉	2.42	2.52	2.42	2.44	2.30	2.44	2.30	2.40
		再生前粘土砂含煤粉	2.04	1.92	2.00	2.10	2.16	2.02	2.10	1.90
热态抗拉强度/MPa	50/100 围场砂	再生前粘土砂不含煤粉	1.00	1.12	0.94	0.92	0.90	1.28	1.18	1.08
		再生前粘土砂含煤粉	0.90	0.92	0.92	1.04	1.01	1.08	1.02	0.90
	70/140 大林砂	再生前粘土砂不含煤粉	1.08	1.14	1.00	1.04	1.22	1.14	1.06	1.00
		再生前粘土砂含煤粉	0.94	0.88	0.89	0.91	0.85	0.91	0.97	0.87

由表3-5和表3-6可以看出，围场砂和大林砂混制粘土砂的完全再生砂，用于混制覆膜砂时，其常温抗拉强度基本上高于由同种新砂混制覆膜砂的常温抗拉强度，而热态抗拉强度基本上低于由新砂混制覆膜砂的热态抗拉强度。依生产中常见的含煤粉和覆膜砂芯砂粘土砂和含覆膜砂芯砂但不含煤粉粘土砂为例，当采用50/100围场砂混制型（芯）砂，由含煤粉和覆膜砂芯砂粘土砂的再生砂混制覆膜砂时，其常温抗拉强度达到了由新砂混制覆膜砂常温抗拉强度的100%～129%，热态抗拉强度达到了由新砂混制覆膜砂热态抗拉强度的78%～94%。由不含煤粉但含覆膜砂芯砂粘土砂的再生砂混制覆膜砂时，其常温抗拉强度达到了由新砂混制覆膜砂常温抗拉强度的110%～137%，热态抗拉强度达到了由新砂混制覆膜砂热态抗拉强度的78%～103%。当采用70/140大林砂混制型（芯）砂，由含煤粉和覆膜砂芯砂粘土砂的再生砂混制覆膜砂时，其常温抗拉强度达到了由新砂混制覆膜砂常温抗拉强度的93%～106%，热态抗拉强度达到了由新砂混制覆膜砂热态抗拉强度的75%～85%。由不含煤粉但含覆膜砂芯砂粘土砂的再生砂混制覆膜砂时，其常温抗拉强度达到了由新砂混制覆膜砂常温抗拉强度的113%～124%，热态抗拉强度达到了由新砂混制覆膜砂热态抗拉强度的88%～107%。

3.2 不变体系条件下含冷芯盒树脂砂芯砂粘土砂的再生砂铸造工艺性能

不变体系条件下含冷芯盒树脂砂芯砂粘土砂的再生砂铸造工艺性能的考察采用了试验研究的方法。试验用原砂为围场砂和大林砂，其主要性能指标见表3-1。膨润土为山东安丘产膨润土，煤粉为山东平度产煤粉，混制冷芯盒树脂砂用GP201

（液态酚醛树脂）和 GP202（异氰酸酯）树脂及固化剂三乙胺均由济南圣泉集团股份有限公司生产。

在实验室条件下混制普通粘土砂、含煤粉粘土砂、含冷芯盒树脂砂芯砂粘土砂及含煤粉和冷芯盒树脂砂芯砂粘土砂。普通粘土砂的配比为：原砂∶膨润土的质量分数为 92∶8。含煤粉粘土砂的配比为：原砂∶膨润土∶煤粉的质量分数为 87∶8∶5。含冷芯盒树脂砂芯砂粘土砂的配比为：（原砂 + 冷芯盒树脂砂芯砂）∶膨润土的质量分数为 92∶8。含煤粉和冷芯盒树脂砂芯砂粘土砂的配比为：（原砂 + 冷芯盒树脂砂芯砂）∶膨润土∶煤粉的质量分数为 87∶8∶5。各种粘土砂的水分含量均为混合料质量的 2.5%。含冷芯盒树脂砂芯砂粘土砂中冷芯盒树脂砂芯砂的含量分别为砂子质量的 5%、10%、15%、20%。粘土砂混制采用碾轮式混砂机，其混制工艺如图 3-1 所示。

将混制好的粘土砂进行风干并散粒化，然后分别在 700℃ 脆化 10min。将经高温脆化的粘土砂冷却至室温，分别放入磨轮再生机中进行四次再生，每次再生 5min。每次再生后在流化床风选机中风选 5min，以去除再生砂中的泥分，测试再生砂的泥分含量、粒度、角形系数及耗酸值，检测结果见表 3-7、表 3-8 和表 3-9[5,6]。

表 3-7 不含冷芯盒树脂砂芯砂粘土砂再生后的性能

砂子种类		粒度	角形系数	泥分含量的质量分数（%）	耗酸值/mL
50/100 围场砂	纯粘土砂四次再生砂	50/100	1.09	0.26	11.17
	含煤粉粘土砂四次再生砂	50/100	1.12	0.20	10.67
50/100 大林砂	纯粘土砂四次再生砂	50/100	1.11	0.16	9.76
	含煤粉粘土砂四次再生砂	50/100	1.17	0.11	9.78

表 3-8 由围场砂混制的含冷芯盒树脂砂芯砂粘土砂再生后的性能

再生前粘土砂中冷芯盒树脂砂芯砂的质量分数（%）		5	10	15	20
含冷芯盒树脂砂芯砂粘土砂的四次再生砂	粒度	50/100	50/100	50/100	50/100
	角形系数	1.11	1.14	1.15	1.07
	泥分含量的质量分数（%）	0.267	0.192	0.196	0.165
	耗酸值/mL	11.23	11.64	10.32	10.15
含煤粉和冷芯盒树脂砂芯砂粘土砂的四次再生砂	粒度	50/100	50/100	50/100	50/100
	角形系数	1.11	1.11	1.15	1.12
	泥分含量的质量分数（%）	0.120	0.113	0.133	0.123
	耗酸值/mL	9.82	9.60	9.93	10.08

表 3-9 由大林砂混制的含冷芯盒树脂砂芯砂粘土砂再生后的性能

再生前粘土砂中冷芯盒树脂砂芯砂的质量分数（%）		5	10	15	20
含冷芯盒树脂砂芯砂粘土砂的四次再生砂	粒度	50/100	50/100	50/100	50/100
	角形系数	1.07	1.06	1.11	1.10
	泥分含量的质量分数（%）	0.163	0.197	0.153	0.140
	耗酸值/mL	10.41	10.08	9.22	9.43
含煤粉和冷芯盒树脂砂芯砂粘土砂的四次再生砂	粒度	50/100	50/100	50/100	50/100
	角形系数	1.16	1.14	1.05	1.10
	泥分含量的质量分数（%）	0.112	0.157	0.123	0.130
	耗酸值/mL	9.89	9.68	9.78	9.65

由表 3-1 和表 3-7、表 3-8、表 3-9 可以看出，由围场砂和大林砂混制的纯粘土砂、含煤粉粘土砂、含冷芯盒树脂砂芯砂粘土砂以及含煤粉和冷芯盒树脂砂芯砂粘土砂经过 700℃ 脆化 10min 并在磨轮再生机中再生，经流化床式风选机进行微粉分离后，粒度分布不变，角形系数略有降低，粒形更趋圆整，泥分含量低于同种原砂，但耗酸值明显升高。由此可以看出，采用 700℃ 脆化

10min + 磨轮再生机再生 + 微粉分离的再生工艺对粘土旧砂进行再生，可以获得粘土完全再生砂。

分别取原砂和粘土再生砂，在高效转子混砂机中按照图 3-2 所示的冷芯盒树脂砂混砂工艺及配比[7]混制冷芯盒树脂砂（成分配比为占砂子的质量分数），出砂后立即制成“8”字抗拉强度试样。将试样放入如图 3-3 所示的冷芯盒树脂砂试样制备装置中，按吹胺压力 0.2MPa，吹胺时间 3s，清洗压力 0.2MPa，清洗时间 20s 的固化工艺进行固化处理，然后分别检测固化后“8”字试样的即时抗拉强度和 1h 抗拉强度，检测结果见表 3-10 和表 3-11[5,6]。

$$100\%\text{砂} + 1\%\text{树脂(GP201)} \xrightarrow{\text{混20s}} + 1\%\text{树脂(GP202)} \xrightarrow{\text{混40s}} \text{出砂}$$

图 3-2　冷芯盒树脂砂混砂工艺

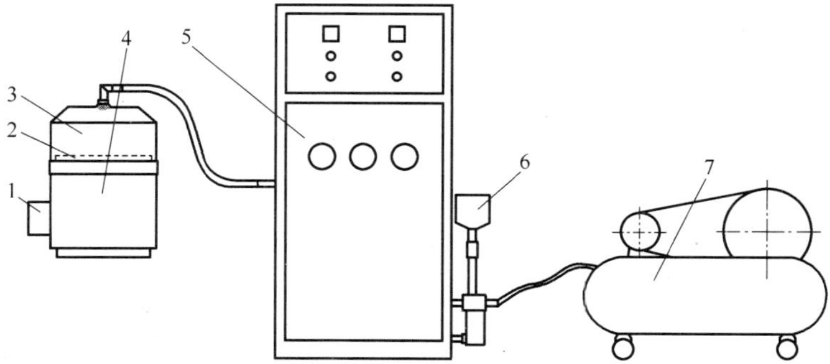

图 3-3　冷芯盒砂芯硬化装置

1—排风口　2—砂芯模具　3—上壳体　4—下壳体

5—三乙胺气化及吹气控制系统　6—加胺口　7—空气压缩机

表 3-10　由原砂及再生砂混制的冷芯盒树脂砂抗拉强度

砂 子 种 类	50/100 围场砂			50/100 大林砂		
	原砂	再生砂①	再生砂②	原砂	再生砂①	再生砂②
即时抗拉强度/MPa	1.51	1.46	1.15	1.66	1.49	1.15
1h 抗拉强度/MPa	1.63	1.56	1.29	2.11	1.68	1.29

① 纯粘土砂四次再生砂。

② 含煤粉粘土砂四次再生砂。

表 3-11 含冷芯盒树脂砂芯砂粘土砂的再生砂混制冷芯盒树脂砂的抗拉强度

再生前粘土砂中含冷芯盒树脂砂芯砂的质量分数（%）			5	10	15	20
即时抗拉强度/MPa	50/100 围场砂	再生前粘土砂不含煤粉	1.37	1.29	1.19	1.10
		再生前粘土砂含煤粉	1.18	1.13	1.10	1.09
	50/100 大林砂	再生前粘土砂不含煤粉	1.33	1.25	1.23	1.20
		再生前粘土砂含煤粉	1.27	1.20	1.18	1.11
1h 抗拉强度/MPa	50/100 围场砂	再生前粘土砂不含煤粉	1.42	1.35	1.29	1.20
		再生前粘土砂含煤粉	1.41	1.34	1.28	1.19
	50/100 大林砂	再生前粘土砂不含煤粉	1.52	1.53	1.50	1.42
		再生前粘土砂含煤粉	1.50	1.51	1.49	1.40

由表3-10和表3-11可以看出，围场砂、大林砂以及分别由两者混制的各种粘土砂的再生砂，混制冷芯盒树脂砂时，其1h抗拉强度均高于即时抗拉强度。由含煤粉粘土砂的再生砂混制的冷芯盒树脂砂抗拉强度略低于由不含煤粉粘土砂的再生砂混制的冷芯盒树脂砂的抗拉强度。随着粘土砂中冷芯盒树脂砂芯砂含量的增加，由其再生砂混制的冷芯盒树脂砂的抗拉强度略有降低。依生产中常见的含煤粉和冷芯盒树脂砂芯砂粘土砂和含冷芯盒树脂砂芯砂但不含煤粉粘土砂的再生为例，当采用50/100围场砂混制型（芯）砂时，由含煤粉和冷芯盒树脂砂芯砂粘土砂的再生混制的冷芯盒树脂砂，其即时抗拉强度达到了由新砂混制冷芯盒树脂砂即时抗拉强度的72%～78%，1h抗拉强度达到了由新砂混制冷芯盒树脂砂1h抗拉强度的73%～87%；由不含煤粉但含冷芯盒树脂砂芯砂粘土砂的再生混制冷芯盒树脂砂时，其即时抗拉强度达到了由新砂混制冷芯盒树脂砂即时抗拉强度的73%～91%，1h抗拉强度达到了由新砂混制冷芯盒树脂砂1h抗拉强度的74%～87%。当采用50/100大林砂混制型（芯）砂时，由含煤粉和冷芯盒树脂砂

芯砂粘土砂的再生砂混制的冷芯盒树脂砂，其即时抗拉强度达到了由新砂混制冷芯盒树脂砂即时抗拉强度的 67% ~ 77%，1h 抗拉强度达到了由新砂混制冷芯盒树脂砂 1h 抗拉强度的 86% ~ 93%；由不含煤粉但含冷芯盒树脂砂芯砂粘土砂的再生砂混制冷芯盒树脂砂时，其即时抗拉强度达到了由新砂混制冷芯盒树脂砂即时抗拉强度的 72% ~ 80%，1h 抗拉强度达到了由新砂混制冷芯盒树脂砂 1h 抗拉强度的 87% ~ 94%。

3.3 不变体系条件下含热芯盒树脂砂芯砂粘土砂的再生砂铸造工艺性能

不变体系条件下含热芯盒树脂砂芯砂粘土砂的再生砂铸造工艺性能的考察采用了试验研究的方法。试验用原砂为围场砂和大林砂，其主要性能指标见表 3-1。膨润土为山东安丘产膨润土，煤粉为山东平度产煤粉，混制热芯盒树脂砂所用粘结剂为济南圣泉集团股份有限公司的热芯盒树脂，固化剂为过饱和乌洛托品水溶液。

模拟铸造生产的实际情况，以大林砂和围场砂为原砂分别混制含热芯盒树脂砂芯砂粘土砂及含煤粉和热芯盒树脂砂芯砂粘土砂。含热芯盒树脂砂芯砂粘土砂的配比：(原砂 + 热芯盒树脂砂芯砂)∶膨润土的质量分数为 92∶8。含煤粉和热芯盒树脂砂芯砂粘土砂的配比：(原砂 + 热芯盒树脂砂芯砂)∶膨润土∶煤粉的质量分数为 87∶8∶5。各种粘土砂的水分含量为混合料质量的 3%。粘土砂中热芯盒树脂砂芯砂含量分别为砂子质量的 5%、10%、15%、20%。粘土砂混制采用碾轮式混砂机，其混砂工艺如图 3-1 所示。

将混制好的粘土砂风干并散粒化，然后分别在 700℃ 脆化 10min。将经高温脆化的粘土砂冷却至室温，分别在磨轮式再生机中进行四次再生，每次再生 5min。每次再生后在流化床式风选机中风选5min，以去除再生砂中的泥分，检测再生砂的泥分含量、粒度、角形系数及耗酸值，检测结果见表3-12和表3-13[8]。

表3-12 由围场砂混制的含热芯盒树脂砂芯砂粘土砂再生后的性能

再生前粘土砂中含热芯盒树脂砂芯砂的质量分数（%）		5	10	15	20
含热芯盒树脂砂芯砂粘土砂的四次再生砂	粒度	50/100	50/100	50/100	50/100
	角形系数	1.11	1.11	1.12	1.13
	泥分含量的质量分数（%）	0.16	0.172	0.162	0.152
	耗酸值/mL	11.97	12.72	12.50	12.82
含煤粉和热芯盒树脂砂芯砂粘土砂的四次再生砂	粒度	50/100	50/100	50/100	50/100
	角形系数	1.15	1.11	1.16	1.12
	泥分含量的质量分数（%）	0.140	0.138	0.157	0.165
	耗酸值/mL	10.89	11.22	11.11	11.33

表3-13 由大林砂混制的含热芯盒树脂砂芯砂粘土砂再生后的性能

再生前粘土砂中含热芯盒树脂砂芯砂的质量分数（%）		5	10	15	20
含热芯盒树脂砂芯砂粘土砂的四次再生砂	粒度	50/100	50/100	50/100	50/100
	角形系数	1.10	1.09	1.05	1.11
	泥分含量的质量分数（%）	0.127	0.142	0.155	0.167
	耗酸值/mL	9.46	9.78	10.0	10.43
含煤粉和热芯盒树脂砂芯砂粘土砂的四次再生砂	粒度	50/100	50/100	50/100	50/100
	角形系数	1.12	1.13	1.11	1.11
	泥分含量的质量分数（%）	0.158	0.154	0.123	0.142
	耗酸值/mL	10.54	10.62	10.11	10.68

由表3-1、表3-12和表3-13可以看出，由围场砂和大林砂混制的含热芯盒树脂砂芯砂粘土砂经过700℃脆化10min，冷却至室温后经磨轮再生机四次再生，每次再生5min，在流化床式风选机中风选5min，所获得的再生砂和新砂相比粒度不发生变化，角形系数略有降低，砂子粒形更趋圆整，泥分含量的质量分数降低，

但耗酸值明显升高。

分别取原砂和粘土再生砂，按照树脂占砂子质量的2%，固化剂（过饱和乌洛托品水溶液）占树脂质量20%的配比，依据图3-4所示的热芯盒树脂砂混砂工艺[9]在高效转子混砂机中混制热芯盒树脂砂，出砂后立即制成“8”字抗拉强度试样，放入260℃下保温的电热恒温鼓风干燥箱中，保温4min。将试样从电热恒温鼓风干燥箱中取出，分别检测“8”字试样的热态抗拉强度和室温抗拉强度，检测结果见表3-14和表3-15[8]。

砂子(原砂或再生砂) + 固化剂 $\xrightarrow{\text{混20s}}$ + 树脂 $\xrightarrow{\text{混60s}}$ 出砂

图 3-4　热芯盒树脂砂混砂工艺

表 3-14　由原砂及再生砂混制热芯盒树脂砂的抗拉强度

砂子种类	50/100 围场砂			50/100 大林砂		
	原砂	再生砂①	再生砂②	原砂	再生砂①	再生砂②
热态抗拉强度/MPa	1.39	1.30	1.01	2.30	2.21	1.94
常温抗拉强度/MPa	2.99	2.33	1.90	3.33	2.71	2.70

① 纯粘土砂四次再生砂。
② 含煤粉粘土砂四次再生砂。

表 3-15　由含热芯盒树脂砂芯砂粘土砂的再生砂混制热芯盒树脂砂的抗拉强度

再生前粘土砂中含热芯盒树脂砂芯砂的质量分数（%）			5	10	15	20
热态抗拉强度/MPa	50/100 围场砂	再生前粘土砂不含煤粉	1.18	1.33	1.26	1.21
		再生前粘土砂含煤粉	1.13	1.26	1.22	1.21
	50/100 大林砂	再生前粘土砂不含煤粉	1.85	1.83	1.71	1.67
		再生前粘土砂含煤粉	1.72	1.70	1.60	1.64
常温抗拉强度/MPa	50/100 围场砂	再生前粘土砂不含煤粉	2.49	2.36	2.28	2.11
		再生前粘土砂含煤粉	2.45	2.29	2.22	2.03
	50/100 大林砂	再生前粘土砂不含煤粉	2.51	2.35	2.29	2.38
		再生前粘土砂含煤粉	2.33	2.13	2.10	2.25

由表3-14和表3-15可以看出，由围场砂、大林砂混制的各种粘土砂的再生砂混制热芯盒树脂砂时，其热态抗拉强度低于常温抗拉强度。由粘土完全再生砂混制的热芯盒树脂砂的抗拉强度低于由其原砂混制的热芯盒树脂砂的抗拉强度。以生产中常见的含煤粉和热芯盒树脂砂芯砂粘土砂和含热芯盒树脂砂芯砂但不含煤粉粘土砂的再生为例，当采用50/100围场砂混制型（芯）砂时，由含煤粉和热芯盒树脂砂芯砂粘土砂的再生混制热芯盒树脂砂时，其热态抗拉强度达到了由新砂混制热芯盒树脂砂热态抗拉强度的85%～91%，常温抗拉强度达到了由新砂混制热芯盒树脂砂常温抗拉强度的68%～82%。由不含煤粉但含热芯盒树脂砂芯砂粘土砂的再生砂混制热芯盒树脂砂时，其热态抗拉强度达到了由新砂混制热芯盒树脂砂热态抗拉强度的85%～96%，常温抗拉强度达到了由新砂混制热芯盒树脂砂常温抗拉强度的71%～83%。当采用50/100大林砂混制型（芯）砂，由含煤粉和热芯盒树脂砂芯砂粘土砂的再生砂混制热芯盒树脂砂时，其热态抗拉强度达到了由新砂混制热芯盒树脂砂热态抗拉强度的72%～78%，常温抗拉强度达到了由新砂混制热芯盒树脂砂常温抗拉强度的63%～70%；由不含煤粉但含热芯盒树脂砂芯砂粘土砂的再生砂混制热芯盒树脂砂时，其热态抗拉强度达到了由新砂混制热芯盒树脂砂热态抗拉强度的76%～84%，常温抗拉强度达到了由新砂混制热芯盒树脂砂常温抗拉强度的69%～75%。

3.4 不变体系条件下含酸固化自硬树脂砂芯砂粘土砂的再生砂铸造工艺性能

不变体系条件下含酸固化自硬树脂砂芯砂粘土砂的再生砂铸造工艺性能的考察采用了试验研究的方法。试验用原砂为围场砂，其主要性能指标见表3-1。膨润土为山东安丘产膨润土，煤粉为山东平度产煤粉，混制酸固化自硬树脂砂所用粘结剂为 808 呋喃树脂，固化剂为苯磺酸，均产自济南圣泉集团股份有限公司。

在实验室条件下混制含酸固化自硬树脂砂芯砂粘土砂及含煤粉和酸固化自硬树脂砂芯砂的粘土砂。含酸固化自硬树脂砂芯砂粘土砂的配比为：（原砂 + 酸固化自硬树脂砂芯砂）∶膨润土的质量分数为 92∶8。含煤粉和酸固化自硬树脂砂芯砂粘土砂的配比为：（原砂 + 酸固化自硬树脂砂芯砂）∶膨润土∶煤粉的质量分数为 87∶8∶5。各种粘土砂的水分含量为混合料质量的 2.5%。粘土砂中酸固化自硬树脂砂芯砂的含量分别为砂子质量的 5%、10%、15%、20%。粘土砂混制采用碾轮式混砂机，其混砂工艺如图 3-1 所示。

将混制好的粘土砂风干并散粒化，然后分别在 700℃ 脆化 10min。将经高温脆化的粘土砂冷却至室温，分别放入逆流转子再生机中进行四次再生，每次再生 5min；每次再生后在流化床式风选机中风选 5min，以去除再生砂中的微粉。检测再生砂的泥分含量、粒度、角形系数及耗酸值，检测结果见表 3-16[4]。

表 3-16　含酸固化自硬树脂砂芯砂粘土砂再生后的性能

再生前粘土砂中含自硬树脂砂芯砂的质量分数（%）		5	10	15	20
含自硬树脂砂芯砂粘土砂的四次再生砂	粒度	50/100	50/100	50/100	50/100
	角形系数	1.19	1.19	1.20	1.21
	泥分含量的质量分数（%）	0.18	0.19	0.20	0.20
	耗酸值/mL	9.6	9.8	9.8	10.0
含煤粉和自硬树脂砂芯砂粘土砂的四次再生砂	粒度	50/100	50/100	50/100	50/100
	角形系数	1.19	1.18	1.17	1.19
	泥分含量的质量分数（%）	0.20	0.21	0.21	0.22
	耗酸值/mL	9.8	10.0	10.0	10.2

由表 3-1 和表 3-16 可以看出，由围场砂混制的含酸固化自硬树脂砂芯砂粘土砂以及含煤粉和酸固化自硬树脂砂芯砂粘土砂经过 700℃ 脆化 10min 并在逆流转子再生机中再生，经流化床式风选

机风选之后，与原砂相比粒度不发生变化，角形系数、泥分含量的质量分数降低，粒形更趋圆整，但耗酸值升高。随着粘土砂中酸固化自硬树脂砂芯砂含量的增加，粘土再生砂的耗酸值略有升高。

分别取原砂和纯粘土砂的再生砂、含煤粉粘土砂的再生砂，以树脂占砂子质量的1.2%，固化剂占树脂质量的40%、50%、60%、70%，在高效转子混砂机中按照图3-5所示的酸固化自硬树砂混砂工艺[10,11]混制自硬树脂砂。出砂后每隔1min制备一批“8”字抗拉强度试样，分别放置24h后测试其抗拉强度。试验中以混砂后迅速制备的第一批试样的24h抗拉强度为标准，与其随后制备的“8”字试样24h抗拉强度进行比较，将24h抗拉强度下降20%时的一批试样从出砂到该试样制样时所经历的时间作为型砂的可使用时间。试验结果见表3-17、表3-18[4]。分别取含煤粉和酸固化自硬树脂砂芯砂粘土砂的再生砂和不含煤粉含酸固化自硬树脂砂芯砂粘土砂的再生砂，以树脂占砂子质量的1.2%，固化剂占树脂质量的60%在高效转子混砂机中按照图3-5所示的酸固化自硬树脂砂混砂工艺混制自硬树脂砂，出砂后迅速制备“8”字抗拉强度试样，放置24h后检测其抗拉强度，检测结果见表3-19[4]。

$$\text{砂子(原砂或再生砂)} + \text{固化剂} \xrightarrow{\text{混15s}} \text{加树脂} \xrightarrow{\text{混45s}} \text{出砂}$$

图3-5 酸固化自硬树脂砂混砂工艺

表3-17 由原砂及不含酸固化自硬树脂砂芯砂粘土砂的再生砂混制酸固化自硬树脂砂的抗拉强度

砂子种类	固化剂占树脂加入量的质量分数（%）			
	40	50	60	70
原砂混制的自硬树脂砂24h抗拉强度/MPa	0.93			
纯粘土砂的四次再生砂混制的自硬树脂砂24h抗拉强度/MPa	0.05	0.36	0.58	0.55
含煤粉粘土砂的四次再生砂混制的自硬树脂砂24h抗拉强度/MPa	0.04	0.31	0.55	0.52

表3-18　由新砂和粘土再生砂混制酸固化自硬树脂砂的可使用时间

砂子种类	固化剂占树脂的质量分数（%）			
	40	50	60	70
原砂混制的自硬树脂砂可使用时间/min	9			
纯粘土砂的四次再生砂混制的自硬树脂砂可使用时间/min	8	6	4	2
含煤粉粘土砂的四次再生砂混制的自硬树脂砂可使用时间/min	8	6	4	2
含自硬树脂砂芯砂粘土砂的四次再生砂混制的自硬树脂砂可使用时间/min	8	6	4	2
含煤粉和自硬树脂芯砂粘土砂的四次再生砂混制的自硬树脂砂可使用时间/min	8	6	4	2

表3-19　由含酸固化自硬树脂砂芯砂粘土砂的再生砂混制酸固化自硬树脂砂的抗拉强度

砂子种类	再生前粘土砂中含酸固化自硬树脂砂芯砂的质量分数（%）			
	5	10	15	20
不含煤粉粘土砂的四次再生砂混制的自硬树脂砂24h抗拉强度/MPa	0.55	0.53	0.52	0.52
含煤粉粘土砂的四次再生砂混制的自硬树脂砂24h抗拉强度/MPa	0.45	0.40	0.38	0.35

由表3-17、表3-18和表3-19可以看出，由粘土再生砂混制的酸固化自硬树脂砂的24h抗拉强度远低于由新砂混制自硬树脂砂的24h抗拉强度。由不含煤粉粘土砂的四次再生砂混制的自硬树脂砂24h抗拉强度略高于含煤粉粘土砂的四次再生砂混制自硬树脂砂24h抗拉强度。随着固化剂加入量的增加，由再生砂混制的

酸固化自硬树脂砂24h抗拉强度升高，可使用时间缩短。当固化剂加入量占树脂加入量的质量分数为60%时，其24h抗拉强度达到了最大值，但仍远低于由新砂混制的自硬树脂砂24h抗拉强度，且在其达到最大抗拉强度时的可使用时间降低到由新砂混制的酸固化自硬树脂砂可使用时间的44%。

3.5 不变体系条件下含酯硬化水玻璃砂芯砂粘土砂的再生砂铸造工艺性能

不变体系条件下含酯硬化水玻璃砂芯砂粘土砂的再生砂铸造工艺性能的考察采用了试验研究的方法。试验用原砂为围场砂、大林砂和梧龙砂，其主要性能指标见表3-1。膨润土为山东安丘产膨润土，煤粉为山东平度产煤粉。水玻璃砂混制所需水玻璃的模数为2.26，波美度为43°Be，水玻璃砂固化剂为酯，均由兖州市汇亚通铸造材料有限公司生产。

在实验室条件下混制含酯硬化水玻璃砂芯砂粘土砂及含煤粉和酯硬化水玻璃砂芯砂的粘土砂。含酯硬化水玻璃砂芯砂粘土砂的配比为：（原砂+酯硬化水玻璃砂芯砂）∶膨润土的质量分数为92∶8。含煤粉和酯硬化水玻璃砂芯砂粘土砂的配比为：（原砂+酯硬化水玻璃砂芯砂）∶膨润土∶煤粉的质量分数为87∶8∶5。各种粘土砂的水分含量均为混合料质量的2.5%。粘土砂中酯硬化水玻璃芯砂的质量分数为20%。粘土砂混制采用碾轮式混砂机，其混砂工艺如图3-1所示。

将混制好的粘土砂风干并散粒化，然后分别在700℃脆化10min。将经高温脆化的粘土砂冷却至室温，分别放入逆流转子再生机中进行三至四次再生，每次再生5min。每次再生后在流化床式风选机中风选5min，以去除再生砂中的微粉，检测再生砂的泥分含量、粒度、角形系数及耗酸值，检测结果见表 3-20[12,13]。

表 3-20　含酯硬化水玻璃砂芯砂粘土砂再生后的性能

砂子种类	砂子状态	粒　度	角形系数	耗酸值/mL	泥分含量的质量分数（%）
50/100 围场砂	含水玻璃芯砂粘土砂的三次再生砂	50/100	1.05	12.87	0.28
70/140 大林砂	含水玻璃芯砂粘土砂的三次再生砂	70/140	1.12	13.27	0.30
50/100 梧龙砂	含煤粉及水玻璃芯砂粘土砂的四次再生砂	50/100	1.36	13.88	0.29
	含水玻璃芯砂粘土砂的四次再生砂	50/100	1.34	14.96	0.28

由表 3-1 和表 3-20 可以看出，由围场砂、大林砂和梧龙砂混制的含酯硬化水玻璃砂芯砂的粘土砂，经 700℃脆化 10min + 逆流转子式再生机三至四次再生 + 流化床风选后，其粒度不发生变化，角形系数和泥分含量降低，粒形更趋圆整，耗酸值升高。在相同再生条件下，为使由三种原砂混制的粘土砂再生后泥分含量基本相同，由围场砂、大林砂混制的粘土砂需要三次再生，而由梧龙砂混制的粘土砂需要四次再生。由表 3-1 可以看出，梧龙砂的角形系数明显高于围场砂和大林砂，由此可以认定，砂子的粒形好，其可再生性好，更容易获得质量较好的再生砂。

分别取原砂和粘土再生砂，按照水玻璃加入量占砂子质量的 4%，硬化剂酯的加入量占水玻璃质量的 12%，依据图 3-6 所示的酯硬化水玻璃砂混砂工艺[14]混制水玻璃砂，并在可使用时间内制成“8”字抗拉强度试样，放置 24h 后分别检测其抗拉强度，检测结果见表 3-21[12,13]。

砂子(原砂、再生砂) + 硬化酯 $\xrightarrow{\text{混15s}}$ + 水玻璃 $\xrightarrow{\text{混45s}}$ 出砂

图 3-6 酯硬化水破璃砂混砂工艺

表 3-21 由原砂及再生砂混制的酯硬化水玻璃砂抗拉强度

砂子名称	50/100 围场砂				70/140 大林砂				50/100 梧龙砂			
砂子状态	原砂	再生砂①	再生砂②	再生砂③	原砂	再生砂①	再生砂②	再生砂③	原砂	再生砂①	再生砂②	再生砂③
抗拉强度/MPa	0.85	0.86	0.96	0.89	1.03	1.12	1.06	1.10	1.02	1.06	1.00	0.98

① 纯粘土砂的再生砂。
② 含煤粉和酯硬化水玻璃芯砂粘土砂的再生砂。
③ 含酯硬化水玻璃砂芯砂粘土砂的再生砂。

由表 3-21 可以看出，由围场砂、大林砂、梧龙砂混制的粘土砂再生后混制酯硬化水玻璃砂时，其抗拉强度达到了由新砂混制的酯硬化水玻璃砂的强度。依生产中常见的含煤粉和酯硬化水玻璃砂芯砂粘土砂和不含煤粉含酯硬化水玻璃砂芯砂粘土砂的再生为例，当采用 50/100 围场砂混制型（芯）砂时，由含煤粉和酯硬化水玻璃芯砂粘土砂的再生砂混制的酯硬化水玻璃砂，其 24h 抗拉强度达到了由新砂混制酯硬化水玻璃砂 24h 抗拉强度的 113%；由不含煤粉含酯硬化水玻璃砂芯砂粘土砂的再生砂混制酯硬化水玻璃砂时，其 24h 抗拉强度达到了由新砂混制酯硬化水玻璃砂 24h 抗拉强度的 105%。当采用 70/140 大林砂混制型（芯）砂时，由含煤粉和酯硬化水玻璃砂芯砂粘土砂的再生砂混制的酯硬化水玻璃砂，其 24h 抗拉强度达到了由新砂混制酯硬化水玻璃砂 24h 抗拉强度的 103%；由不含煤粉含酯硬化水玻璃砂芯砂粘土砂的再生砂混制酯硬化水玻璃砂时，其 24h 抗拉强度达到了由新砂混制酯硬化水玻璃砂 24h 抗拉强度的 107%。当采用 50/100 梧龙砂混制型

（芯）砂，由含煤粉和酯硬化水玻璃砂芯砂粘土砂的再生砂混制的酯硬化水玻璃砂，其 24h 抗拉强度达到了由新砂混制酯硬化水玻璃砂 24h 抗拉强度的 98%；由不含煤粉含酯硬化水玻璃砂芯砂粘土砂的再生砂混制酯硬化水玻璃砂时，其 24h 抗拉强度达到了由新砂混制酯硬化水玻璃砂 24h 抗拉强度的 96%。梧龙砂和围场砂的粒度相同，但由梧龙新砂和其粘土再生砂混制的酯硬化水玻璃砂的 24h 抗拉强度略高于由围场砂及其粘土再生砂混制的水玻璃砂的 24h 抗拉强度。大林砂和围场砂相比粒度较细，但在粘结剂加入量相同、混砂工艺相同的情况下，由大林新砂及其粘土砂的再生砂混制的酯硬化水玻璃砂的 24h 抗拉强度高于由围场砂及其粘土再生砂混制的酯硬化水玻璃砂的 24h 抗拉强度。

上述研究表明，各种类型的粘土砂，采用 700℃ 脆化 10min + 强力机械或摩擦再生 + 流化床微粉分离的粘土旧砂完全再生工艺均可以获得粒度不发生变化，角形系数、泥分含量降低，但耗酸值升高的粘土完全再生砂。采用粘土再生砂在不变体系条件下混制化学粘结剂型（芯）砂时，覆膜砂的常温抗拉强度、酯硬化水玻璃砂的 24h 抗拉强度达到了新砂的抗拉强度，而混制覆膜砂时的热态抗拉强度、混制冷芯盒树脂砂、热芯盒树脂砂、酸固化自硬树脂砂时的抗拉强度均低于由新砂混制的同种型（芯）砂的抗拉强度[6,15]。

参 考 文 献

[1] SUN Q Z, JIN L, ZHANG P Q. The Process Adaptability Study under the Conditions of Reclaimed Clay Sand Variable System [J]. Applied Mechanics and Materials, 2013, 432: 11-15.

[2] 张维义，孙清洲，张普庆，等. 再生粘土砂用于覆膜砂的工艺试验 [J]. 铸造，2009，58 (6): 611-613.

[3] 李远才. 覆膜砂及制型（芯）技术 [M]. 北京：机械工业出版社，

2008：61-74.

[4] 张维义. 粘土旧砂再生及再生砂铸造工艺性能的研究 [D]. 济南：山东建筑大学，2009.

[5] 许荣福. 含冷（热）芯盒芯砂粘土砂的再生及应用 [D]. 济南：山东建筑大学，2010.

[6] SUN Q Z, XU R F, ZHAO Z K, etal. Study on the Technological Adaptability of the Reclaimed Sand Applied in the Chemical Bonded Sand [J]. Advanced Materials Research, 2010, 139-141：524-527.

[7] 王文清，李魁盛. 铸造工艺学 [M]. 北京：机械工业出版社，1998：185-187.

[8] SUN Q Z, XU R F, ZHAO Z K. Reclamation of Green Sand Containing Hot-box Resin Sand and Its Application [J]. Advanced Materials Research, 2010, 97-101：1037-1040.

[9] 黄天佑. 铸造手册：造型材料 [M]. 2 版. 北京：机械工业出版社，2002：145-148.

[10] 谢明师. 呋喃树脂自硬砂实用技术 [M]. 北京：机械工业出版社，1995：105-107.

[11] 吴殿杰，章舟. 呋喃树脂砂铸造生产及应用实例 [M]. 2 版. 北京：化学工业出版社，2012：15.

[12] 张艳，孙清洲，张普庆. 再生粘土砂用于水玻璃砂工艺的实验研究 [J]. 铸造技术，2009，30（5）：618-620.

[13] 张艳. 粘土旧砂完全再生技术的研究 [D]. 济南：山东建筑大学，2008.

[14] 樊自田，董选普，陆浔. 水玻璃砂工艺原理及应用技术 [M]. 北京：机械工业出版社，2004：148-175.

[15] 闫敬光，孙清洲，杨忠耀，等. 粘土旧砂完全再生技术 [J]. 铸造工程，2014，38（4）：1-6.

第4章

变体系条件下粘土完全再生砂的铸造工艺性能

在铸造生产中对粘土旧砂的再生需求有以下几种情况：一是大批大量生产但芯子用量较少的铸造企业[1,2]，在确定粘土旧砂再生工艺时可选择粘土旧砂不完全再生工艺，以去除粘土旧砂中的部分泥分，消除旧砂的鲕化现象[3]，改善粘土砂的铸造工艺性能，然后将再生砂重新用于混制粘土砂，这时也可以选择粘土旧砂完全再生工艺，用再生砂代替新砂加入粘土砂系统或将再生砂用于化学粘结剂制芯；二是大批大量生产但芯子用量较多的铸造企业，由于生产中芯砂的大量混入，粘土砂系统砂量不断增加，需经常从粘土砂系统排出部分旧砂以保持粘土砂处理系统的砂量平衡，这时企业在选择粘土旧砂再生工艺时，必须采用粘土旧砂完全再生工艺，将再生砂代替新砂用于混制粘土砂或用于化学粘结剂制芯，才能使再生砂重新用于本企业的铸造生产，否则只能将旧砂作为废砂扔掉或寻求在企业外的回收利用。在上述两种情况下，企业的用砂量大，具有独立设置粘土旧砂再生系统的客观条件，可自行设置粘土旧砂再生系统。用粘土再生砂混制化学粘结剂芯（型）砂时，一般均用于混制和再生前相同粘结剂的芯（型）砂，属粘土完全再生砂在不变体系条件下的应用范畴，粘土完全再生砂的铸造工艺性能已在第3章进行了讨论；三是批量生产的铸造企业，其用砂量比大批大量生产的铸造企业少，在粘土砂系统增设再生设备，对粘土旧砂进行不完全再生，以改善粘土砂的质量，减少新砂用量和废砂的排放量，设备的投资少，多数企业可以接受，如果要实现粘土旧砂的完全再生，由于一个企业产生的粘土废砂量少，达不到粘土旧砂完全再生系统的最低产量要求，难以维持粘土旧砂完全再生系统的连续稳定生产，这时将多家企业产生的粘土废砂收集起来，开展粘土旧砂集中再生服务将成为一种很好的选择[4,5]。在进行粘土旧砂集中再生时，含不同芯砂的粘土砂是否可以混合再生、含芯砂粘土砂的完全再生砂是否可以用于混制和其再生前芯砂粘结剂不同的化学粘结剂芯（型）砂等，所有这些问题均涉及粘土完全再生砂在变体系条件下的应用问题，为此本章将重点讨论粘土完全再生砂在变体系条件下的铸造工艺性能。

4.1 变体系条件下含酸固化自硬树脂砂芯砂粘土砂的再生砂铸造工艺性能

变体系条件下含酸固化自硬树脂砂芯砂粘土砂的再生砂铸造工艺性能的考察采用试验研究的方法。以铸造生产中最常使用的含煤粉和酸固化自硬树脂砂芯砂粘土砂工艺为例，取含煤粉和酸固化自硬树脂砂芯砂粘土砂的完全再生砂，采用和本书第3章所述混制各种化学粘结剂芯（型）砂相同的原材料、配比及混砂工艺，分别混制酯硬化水玻璃砂、热芯盒树脂砂、冷芯盒树脂砂及覆膜砂，按照铸造用砂及混合料试验方法[6]分别检测其抗拉强度并检测酯硬化水玻璃砂的可使用时间，检测结果见表4-1和表4-2[7,8]。

表 4-1　由新砂和含酸固化自硬树脂砂芯砂粘土砂的再生砂混制不同粘结剂芯砂时的抗拉强度

芯砂种类	抗拉强度	50/100 围场新砂	再生前粘土砂中含自硬树脂砂芯砂的质量分数（%）			
			5	10	15	20
水玻璃砂	24h 抗拉强度/MPa	1.57	1.11	1.03	1.07	0.98
热芯盒树脂砂	热态抗拉强度/MPa	1.78	0.89	0.78	0.70	0.72
	常温抗拉强度/MPa	3.07	1.51	1.32	1.30	1.36
冷芯盒树脂砂	即时抗拉强度/MPa	1.66	0.22	0.23	0.22	0.25
	1h 抗拉强度/MPa	1.93	0.26	0.28	0.24	0.23
覆膜砂	热态抗拉强度/MPa	1.08	0.20	0.19	0.21	0.20
	常温抗拉强度/MPa	1.86	0.66	0.62	0.71	0.61

表 4-2　由新砂和含酸固化自硬树脂砂芯砂粘土砂的再生砂混制酯硬化水玻璃砂的可使用时间

砂子种类	50/100 围场新砂	再生前粘土砂中含自硬树脂砂芯砂的质量分数（%）			
		5	10	15	20
可使用时间/min	9	6	5	5	5

由表 4-1 可以看出，含煤粉和酸固化自硬树脂砂芯砂粘土砂的再生砂用于混制酯硬化水玻璃砂时，其 24h 抗拉强度达到了由新砂混制酸硬化水玻璃砂 24h 抗拉强度的 62%~67%，远低于不变体系条件下由含煤粉和酯硬化水玻璃砂芯砂粘土砂的再生砂混制酯硬化水玻璃砂的 24h 抗拉强度，且随再生前粘土砂中含自硬树脂砂芯砂质量分数的增加，由再生砂混制的酯硬化水玻璃砂的 24h 抗拉强度略有降低。含煤粉和酸固化自硬树脂砂芯砂粘土砂的再生砂用于混制热芯盒树脂砂时，其常温抗拉强度达到了由新砂混制热芯盒树脂砂常温抗拉强度的 42%~49%，热态抗拉强度达到了由新砂混制热芯盒树脂砂热态抗拉强度的 39%~50%，均远低于不

变体系条件下由含煤粉和热芯盒树脂砂芯砂粘土砂的再生砂混制热芯盒树脂砂的常温和热态抗拉强度。含煤粉和酸固化自硬树脂砂芯砂粘土砂的再生砂用于混制冷芯盒树脂砂时，其即时抗拉强度达到了由新砂混制冷芯盒树脂砂即时抗拉强度的13%~15%，1h抗拉强度达到了由新砂混制冷芯盒树脂砂1h抗拉强度的12%~15%，均远低于不变体系条件下由含煤粉和冷芯盒树脂砂芯砂粘土砂的再生砂混制的冷芯盒树脂砂的即时和1h抗拉强度。含煤粉和酸固化自硬树脂砂芯砂粘土砂的再生砂用于混制覆膜砂时，其热态抗拉强度达到了由新砂混制覆膜砂热态抗拉强度的18%~19%，常温抗拉强度达到了由新砂混制覆膜砂常温抗拉强度的33%~38%，均远低于不变体系条件下由含煤粉和覆膜砂芯砂粘土砂的再生砂混制覆膜砂的热态和常温抗拉强度。

由表4-2可以看出，由含煤粉和酸固化自硬树脂砂芯砂粘土砂的再生砂混制酯硬化水玻璃砂时，其可使用时间基本不受再生前粘土砂中含酸固化自硬树脂砂芯砂质量分数的影响，且低于由新砂混制酯硬化水玻璃砂的可使用时间。

4.2 变体系条件下含酯硬化水玻璃砂芯砂粘土砂的再生砂铸造工艺性能

变体系条件下含酯硬化水玻璃砂芯砂粘土砂的再生砂铸造工艺性能的考察采用试验研究的方法。以铸造生产中最常使用的含煤粉和酯硬化水玻璃砂芯砂粘土砂工艺为例，取含煤粉和酯硬化水玻璃砂芯砂粘土砂的完全再生砂，采用和本书第3章所述混制各种粘结剂芯（型）砂相同的原材料及混制工艺，分别混制酸固化自硬树脂砂、热芯盒树脂砂、冷芯盒树脂砂及覆膜砂，其中混制酸固化自硬树脂砂时，固化剂加入量占树脂质量的40%，按照铸造用砂及混合料试验方法[6]分别检测其抗拉强度，检测结果见表 4-3[7,8]。

表 4-3　由新砂和含酯硬化水玻璃砂芯砂粘土砂的再生砂混制不同粘结剂芯砂时的抗拉强度

芯砂种类	抗拉强度	50/100 围场新砂	再生前粘土砂中含酯硬化水玻璃砂芯砂的质量分数（%）			
			5	10	15	20
自硬树脂砂	24h 抗拉强度/MPa	1.12	0.04	0.02	0.03	0.02
热芯盒树脂砂	热态抗拉强度/MPa	1.78	0.38	0.27	0.31	0.23
	常温抗拉强度/MPa	3.07	0.89	0.75	0.67	0.53
冷芯盒树脂砂	即时抗拉强度/MPa	1.66	0.09	0.05	0.06	0.05
	1h 抗拉强度/MPa	1.93	0.18	0.16	0.12	0.13
覆膜砂	热态抗拉强度/MPa	1.08	0.18	0.16	0.11	0.09
	常温抗拉强度/MPa	1.86	0.62	0.53	0.48	0.43

由表 4-3 可以看出，含煤粉和酯硬化水玻璃砂芯砂粘土砂的再生砂用于混制酸固化自硬树脂砂时，其 24h 抗拉强度达到了由新砂混制酸固化自硬树脂砂 24h 抗拉强度的 1.8%~3.6%，和不变体系条件下由含煤粉和酸固化自硬树脂砂芯砂粘土砂的再生砂混制酸固化自硬树脂砂时的 24h 抗拉强度基本相当。含煤粉和酯硬化水玻璃砂芯砂粘土砂的再生砂用于混制热芯盒树脂砂时，其常温抗拉强度达到了由新砂混制热芯盒树脂砂常温抗拉强度的 17%~29%，热态抗拉强度达到了由新砂混制热芯盒树脂砂热态抗拉强度的 13%~21%，均远低于不变体系条件下由含煤粉和热芯盒树脂砂芯砂粘土砂的再生砂混制热芯盒树脂砂的常温和热态抗拉强度。含煤粉和酯硬化水玻璃砂芯砂粘土砂的再生砂用于混制冷芯盒树脂砂时，其即时抗拉强度达到了由新砂混制冷芯盒树脂砂即时抗拉强度的 3%~5.4%，1h 抗拉强度达到了由新砂混制冷芯盒树脂

砂 1h 抗拉强度的 6.2%~9.3%，均远低于不变体系条件下由含煤粉和冷芯盒树脂砂芯砂粘土砂的再生砂混制冷芯盒树脂砂时的即时和 1h 抗拉强度。含煤粉和酯硬化水玻璃砂芯砂粘土砂的再生砂用于混制覆膜砂时，其热态抗拉强度达到了由新砂混制覆膜砂热态抗拉强度的 23%~33%，常温抗拉强度达到了由新砂混制覆膜砂常温抗拉强度的 8.3%~17%，均远低于不变体系条件下由含煤粉和覆膜砂芯砂粘土砂的再生砂混制覆膜砂的热态和常温抗拉强度。用含煤粉和酯硬化水玻璃砂芯砂粘土砂的再生砂混制热芯盒树脂砂、冷芯盒树脂砂和覆膜砂时，其抗拉强度随再生前粘土砂中芯砂质量分数的增加略有降低。

4.3 变体系条件下含热芯盒树脂砂芯砂粘土砂的再生砂铸造工艺性能

变体系条件下含热芯盒树脂砂芯砂粘土砂的再生砂铸造工艺性能的考察采用试验研究的方法。以铸造生产中最常使用的含煤粉和热芯盒树脂砂芯砂粘土砂工艺为例，取含煤粉和热芯盒树脂砂芯砂粘土砂的完全再生砂，采用和本书第三章所述混制各种粘结剂芯（型）砂相同的原材料及混制工艺，分别混制酯硬化水玻璃砂、酸固化自硬树脂砂、冷芯盒树脂砂及覆膜砂，其中混制酸固化自硬树脂砂时，固化剂加入量占树脂质量的 40%，按照铸造用砂及混合料试验方法[6] 分别检测其抗拉强度并检测酯硬化水玻璃砂的可使用时间，检测结果见表 4-4 和表 4-5[7, 8]。

由表 4-4 可以看出，由含煤粉和热芯盒树脂砂芯砂粘土砂的再生砂混制酯硬化水玻璃砂时，其 24h 抗拉强度达到了由新砂混制酯硬化水玻璃砂 24h 抗拉强度的 62%~67%，远低于不变体系条件下由含煤粉和酯硬化水玻璃砂芯砂粘土砂的再生砂混制酯硬化水

表 4-4　由新砂和含热芯盒树脂砂芯砂粘土砂的再生砂混制不同粘结剂芯砂时的抗拉强度

芯砂种类	抗拉强度	50/100 围场新砂	再生前粘土砂中含热芯盒树脂砂芯砂的质量分数（%）			
			5	10	15	20
酯硬化水玻璃砂	24h 抗拉强度/MPa	1.57	1.47	1.38	1.52	1.41
酸固化自硬树脂砂	24h 抗拉强度/MPa	1.12	0.08	0.05	0.06	0.04
冷芯盒树脂砂	即时抗拉强度/MPa	1.66	1.16	1.21	1.12	1.08
	1h 抗拉强度/MPa	1.93	1.55	1.58	1.42	1.37
覆膜砂	热态抗拉强度/MPa	1.08	0.79	0.81	0.75	0.76
	常温抗拉强度/MPa	1.86	1.75	1.78	1.72	1.82

表 4-5　由新砂和含热芯盒树脂砂芯砂粘土砂的再生砂混制酯硬化水玻璃砂的可使用时间

砂子种类	50/100 新砂	再生前粘土砂中含热芯盒树脂砂芯砂的质量分数（%）			
		5	10	15	20
可使用时间/min	9	7	7	6	6

玻璃砂的 24h 抗拉强度。由含煤粉和热芯盒树脂砂芯砂粘土砂的再生砂混制酸固化自硬树脂砂时，其 24h 抗拉强度达到了由新砂混制酸固化自硬树脂砂 24h 抗拉强度的 3.6%~7.1%，和不变体系条件下由含煤粉和酸固化自硬树脂砂芯砂粘土砂的再生砂混制酸固化自硬树脂砂时的 24h 抗拉强度基本相当。由含煤粉和热芯盒树脂砂芯砂粘土砂的再生砂混制冷芯盒树脂砂时，其即时抗拉强度达到了由新砂混制冷芯盒树脂砂即时抗拉强度的 65%~73%，1h

抗拉强度达到了由新砂混制冷芯盒树脂砂 1h 抗拉强度的 71%~82%，基本达到了不变体系条件下由含煤粉和冷芯盒树脂砂芯砂粘土砂的再生砂混制冷芯盒树脂砂时的即时抗拉强度和 1h 抗拉强度。由含煤粉和热芯盒树脂砂芯砂粘土砂的再生砂混制覆膜砂时，其热态抗拉强度达到了由新砂混制覆膜砂热态抗拉强度的 69%~75%，常温抗拉强度达到了由新砂混制覆膜砂常温抗拉强度的 89%~98%，均低于不变体系条件下由含煤粉和覆膜砂芯砂粘土砂的再生砂混制覆膜砂时的热态和常温抗拉强度。

由表 4-5 可以看出，由含煤粉和热芯盒树脂砂芯砂粘土砂的再生砂混制酯硬化水玻璃砂时，其可使用时间低于由新砂混制酯硬化水玻璃砂的可使用时间，且随再生前粘土砂中热芯盒树脂砂芯砂质量分数的增加，由其粘土砂的再生砂混制酯硬化水玻璃砂的可使用时间略有缩短。

4.4 变体系条件下含冷芯盒树脂砂芯砂粘土砂的再生砂铸造工艺性能

变体系条件下含冷芯盒树脂砂芯砂粘土砂的再生砂铸造工艺性能的考察采用试验研究的方法。以铸造生产中最常使用的含煤粉和冷芯盒树脂砂芯砂粘土砂工艺为例，取含煤粉和冷芯盒树脂砂芯砂粘土砂的完全再生砂，采用和本书第 3 章所述混制各种粘结剂芯（型）砂相同的原材料及混制工艺，分别混制酯硬化水玻璃砂、酸固化自硬树脂砂、热芯盒树脂砂及覆膜砂，其中混制酸固化自硬树脂砂时，固化剂加入量占树脂质量的 40%，按照铸造用砂及混合料试验方法[6]分别检测其抗拉强度并检测酯硬化水玻璃砂的可使用时间，检测结果见表 4-6 和表 4-7[7,8]。

表4-6　由新砂和含冷芯盒树脂砂芯砂粘土砂的再生砂混制不同粘结剂芯砂时的抗拉强度

芯砂种类	抗拉强度	50/100围场新砂	再生前粘土砂中含冷芯盒树脂砂芯砂的质量分数（%）			
			5	10	15	20
酯硬化水玻璃砂	24h抗拉强度/MPa	1.57	1.51	1.53	1.45	1.43
酸固化自硬树脂砂	24h抗拉强度/MPa	1.12	0.11	0.14	0.12	0.09
热芯盒树脂砂	热态抗拉强度/MPa	1.78	1.25	1.24	1.22	1.22
	常温抗拉强度/MPa	3.07	2.44	2.28	2.38	2.23
覆膜砂	热态抗拉强度/MPa	1.08	0.82	0.85	0.79	0.72
	常温抗拉强度/MPa	1.86	1.70	1.68	1.62	1.59

表4-7　由新砂和含冷芯盒树脂砂芯砂粘土砂的再生砂混制酯硬化水玻璃砂的可使用时间

砂子种类	50/100围场新砂	再生前粘土砂中含冷芯盒树脂砂芯砂的质量分数（%）			
		5	10	15	20
可使用时间/min	9	7	7	6	6

由表4-6可以看出，由含煤粉和冷芯盒树脂砂芯砂粘土砂的再生砂混制酯硬化水玻璃砂时，其24h抗拉强度达到了由新砂混制酯硬化水玻璃砂24h抗拉强度的91%~97%，低于不变体系条件下由含煤粉和酯硬化水玻璃砂芯砂粘土砂的再生砂混制酯硬化水玻璃砂的24h抗拉强度。由含煤粉和冷芯盒树脂砂芯砂粘土砂的再生砂混制酸固化自硬树脂砂时，其24h抗拉强度达到了由新砂混制酸固化自硬树脂砂24h抗拉强度的8%~12.5%，及不变体系条件下由含煤粉和酸固化自硬树脂砂芯砂粘土砂的再生砂混制酸固化自硬树脂砂时的24h抗拉强度基本相当。由含煤粉和冷芯盒树

脂砂芯砂粘土砂的再生砂混制热芯盒树脂砂时，其热态抗拉强度达到了由新砂混制热芯盒树脂砂热态抗拉强度的69%~70%，常温抗拉强度达到了由新砂混制热芯盒树脂砂常温抗拉强度的73%~79%，其热态抗拉强度低于不变体系条件下由含煤粉和冷芯盒树脂砂芯砂粘土砂的再生混制热芯盒树脂砂时的热态抗拉强度，常温抗拉强度达到了不变体系条件下由含煤粉和冷芯盒树脂砂芯砂粘土砂的再生混制热芯盒树脂砂时的水平。由含煤粉和冷芯盒树脂砂芯砂粘土砂的再生砂混制覆膜砂时，其热态抗拉强度达到了由新砂混制覆膜砂热态抗拉强度的67%~79%，常温抗拉强度达到了由新砂混制覆膜砂常温抗拉强度的85%~91%，均低于不变体系条件下由含煤粉和覆膜砂芯砂粘土砂的再生混制覆膜砂时的热态和常温抗拉强度。

由表4-7可以看出，由含煤粉和冷芯盒树脂砂芯砂粘土砂的再生砂混制酯硬化水玻璃砂时，其可使用时间低于由新砂混制酯硬化水玻璃砂的可使用时间，且随再生前粘土砂中含冷芯盒树脂砂芯砂质量分数的增加，由其粘土砂的再生砂混制酯硬化水玻璃砂时的可使用时间略有缩短。

4.5 变体系条件下含覆膜砂芯砂粘土砂的再生砂铸造工艺性能

变体系条件下含覆膜砂芯砂粘土砂的再生砂铸造工艺性能的考察采用试验研究的方法。以铸造生产中最常使用的含煤粉和覆膜砂芯砂粘土砂工艺为例，取含煤粉和覆膜砂芯砂粘土砂的完全再生砂，采用和本书第3章所述混制各种粘结剂芯（型）砂相同的原材料及混制工艺，分别混制酯硬化水玻璃砂、酸固化自硬树脂砂、热芯盒树脂砂及冷芯盒树脂砂，其中混制酸固化自硬树脂砂时，固化剂加入量占树脂质量的40%，按照铸造用砂及混合料试验方法[6]分别检测其抗拉强度并检测酯硬化水玻璃砂的可使用时间，检测结果见表4-8和表4-9[7,8]。

表4-8　由新砂和含覆膜砂芯砂粘土砂的再生砂混制不同粘结剂芯砂时的抗拉强度

芯砂种类	抗拉强度/MPa	50/100围场新砂	再生前粘土砂中含覆膜砂芯砂的质量分数（%）			
			5	10	15	20
酯硬化水玻璃砂	24h抗拉强度/MPa	1.57	1.18	1.13	1.08	1.12
酸固化自硬树脂砂	24h抗拉强度/MPa	1.12	0.04	0.05	0.03	0.03
热芯盒树脂砂	热态抗拉强度/MPa	1.78	0.58	0.66	0.62	0.65
	常温抗拉强度/MPa	3.07	1.02	1.12	1.08	1.05
冷芯盒树脂砂	即时抗拉强度/MPa	1.66	0.93	0.84	1.02	0.95
	1h抗拉强度/MPa	1.93	1.15	1.06	1.21	1.18

表4-9　由新砂和含覆膜砂芯砂粘土砂的再生砂混制酯硬化水玻璃砂的可使用时间

砂子种类	50/100围场新砂	再生前粘土砂中含覆膜砂芯砂的质量分数（%）			
		5	10	15	20
可使用时间/min	9	6	6	6	6

由表4-8可以看出，由含煤粉和覆膜砂芯砂粘土砂的再生砂混制酯硬化水玻璃砂时，其24h抗拉强度达到了由新砂混制酯硬化水玻璃砂24h抗拉强度的69%~75%，远低于不变体系条件下由含煤粉和酯硬化水玻璃砂芯砂粘土砂的再生砂混制酯硬化水玻璃砂的24h抗拉强度。由含煤粉和覆膜砂芯砂粘土砂的再生砂混制酸固化自硬树脂砂时，其24h抗拉强度达到了由新砂混制酸固化自

硬树脂砂24h抗拉强度的2.7%~4.5%，和不变体系条件下由含煤粉和酸固化自硬树脂砂芯砂粘土砂的再生砂混制酸固化自硬树脂砂时的24h抗拉强度基本相当。由含煤粉和覆膜砂芯砂粘土砂的再生砂混制冷芯盒树脂砂时，其即时抗拉强度达到了由新砂混制冷芯盒树脂砂即时抗拉强度的51%~61%，1h抗拉强度达到了由新砂混制冷芯盒树脂砂1h抗拉强度的55%~61%，均低于不变体系条件下由含煤粉和冷芯盒树脂砂芯砂粘土砂的再生砂混制冷芯盒树脂砂时的即时抗拉强度和1h抗拉强度。由含煤粉和覆膜砂芯砂粘土砂的再生砂混制热芯盒树脂砂时，其热态抗拉强度达到了由新砂混制热芯盒树脂砂热态抗拉强度的33%~37%，常温抗拉强度达到了由新砂混制热芯盒树脂砂常温抗拉强度的33%~36%，均低于不变体系条件下由含煤粉和热芯盒树脂砂芯砂粘土砂的再生砂混制热芯盒树脂砂时的热态和常温抗拉强度。

由表4-9可以看出，由含煤粉和覆膜砂芯砂粘土砂的再生砂混制酯硬化水玻璃砂时，其可使用时间低于由新砂混制酯硬化水玻璃砂的可使用时间，且其可使用时间不受再生前粘土砂中覆膜砂芯砂质量分数的影响。

参考文献

[1] 铸造车间和工厂设计手册编委会. 铸造车间和工厂设计手册［M］. 北京：机械工业出版社，1995：7-8.

[2] 章琛. 铸造车间设计原理［M］. 北京：机械工业出版社，1991：2.

[3] 周诚岩，张希俊，张方，等. 粘土旧砂鲕化现象研究的概述［J］. 热加工工艺，2012，41（3）：34-37.

[4] 郭景纯，郭思福. 铸造旧砂再生利用及污染治理［M］. 广州：中山大学出版社，2001：12.

[5] 曹善堂，郭景纯. 铸造车间旧砂再生技术［M］. 北京：机械工业出版

社，1987：11.
[6] 中国国家标准化管理委员会. GB/T 2684—2009 铸造用砂及混合料试验方法［S］. 北京：中国标准出版社，2009.
[7] SUN Q Z, JIN L, ZHANG P Q. The Process Adaptability Study under the Conditions of Reclaimed Clay Sand Variable System［J］. Applied Mechanics and Materials, 2013, 432：11-15
[8] 井建. 含芯砂粘土砂的再生砂工艺适应性研究［D］. 济南：山东建筑大学，2012.

第 5 章

粘土完全再生砂改性技术初探

研究表明，用含煤粉和芯砂粘土砂的再生砂在不变体系条件下混制化学粘结剂型（芯）砂时，只有混制覆膜砂和酯硬化水玻璃砂的24h抗拉强度等于或高于由新砂混制覆膜砂和酯硬化水玻璃砂的24h抗拉强度，而混制覆膜砂的热态抗拉强度以及混制其他化学粘结剂型（芯）砂的性能均低于由新砂混制的型（芯）砂的性能。用含煤粉和芯砂粘土砂的再生砂在变体系条件下混制化学粘结剂型（芯）砂时，由其混制的各种化学粘结剂型（芯）砂的性能均低于由新砂混制的化学粘结剂型（芯）砂的性能，由此可以看出，虽然从名义上以采用高温脆化+机械再生+微粉分离的再生工艺实现了粘土旧砂的完全再生，但是实际上还没有使完全再生砂达到粘土旧砂完全再生的要求，在很多情况下由粘土完全再生砂混制化学粘结剂型（芯）砂时要添加一定量的新砂，甚至添加了新砂也无法达到由新砂混制型（芯）砂的性能，从而影响到粘土旧砂完全再生技术的推广与应用，因此，本章将探索通过改性处理提高粘土完全再生砂铸造工艺性能的方法，为提高粘土完全再生砂的铸造工艺性能探索一条可行之路。

5.1 影响粘土完全再生砂铸造工艺性能的因素

混制树脂粘结剂型（芯）砂的原砂一般均采用水洗或擦洗处

理，要求原砂的角形系数小于 1.3～1.45，泥分含量的质量分数低于 0.2%～0.3%，水分含量的质量分数低于 0.2%，微粉含量的质量分数低于 0.5%～1%，耗酸值低于 5。混制水玻璃型（芯）砂的原砂，水分含量的质量分数低于 0.5%，泥分含量的质量分数低于 0.5%[1-3]，其余性能参数和对混制树脂粘结剂型（芯）砂的性能要求相同。对原砂的性能要求一般按照铸件的大小及复杂程度进行确定，大件及复杂的铸件，在上述原砂的要求中取下限值，对于小型简单铸件取上限值。

研究表明，采用 700℃脆化＋强力机械再生＋微粉分离的粘土旧砂完全再生工艺所获得的粘土完全再生砂，和同种新砂相比，粒度分布没有发生变化，角形系数略有降低，粒形更趋圆整，水分含量、泥分含量低于同种新砂，但耗酸值较高[4-9]。如果不考虑粘土完全再生砂耗酸值升高的因素，再生砂的各项性能均优于同种新砂，按照化学粘结剂型（芯）砂强度形成的基本原理，由粘土完全再生砂混制的化学粘结剂型（芯）砂的抗拉强度应当高于由新砂混制的化学粘结剂型（芯）砂的抗拉强度，但实际结果恰恰和这个假设相反，由粘土完全再生砂混制的绝大部分化学粘结剂型（芯）砂的抗拉强度均低于由同种新砂混制的化学粘结剂型（芯）砂的抗拉强度，同时粘土完全再生砂的耗酸值高于同种新砂也是客观存在的事实。参照混制化学粘结剂型（芯）砂对原砂性能的要求，粘土完全再生砂和同种新砂相比，粒形好、泥分含量低有利于提高所混制型（芯）砂的强度，而耗酸值高则影响所混制型（芯）砂的强度，由此可以推断，粘土完全再生砂耗酸值高是影响由其混制化学粘结剂型（芯）砂性能的主要因素之一。

为了寻找粘土完全再生砂耗酸值高于同种新砂的原因，利用扫描电子显微镜分别对原砂和粘土完全再生砂砂粒表面的形貌进行观察，其显微结构如图 5-1 和图 5-2 所示[10]。

a) b) c) d)

图 5-1 围场原砂砂粒表面形貌图

a）砂粒 A 全貌图 b）砂粒 B 全貌图 c）砂粒 A 局部放大图 d）砂粒 B 局部放大图

图 5-1 为在扫描电子显微镜下观察的围场原砂的形貌图。选取了两个具有代表性的砂粒，观察了砂粒的全貌并对局部进行了放大。从图 5-1a 和图 5-1c 可以看到，砂粒 A 表面较为光滑，局部存在天然形成的裂纹和小的凹坑，表面洁净。由图 5-1b 和图 5-1d 看出，砂粒 B 表面粗糙不平，犹如硬化前未经紧实和处理的混凝土，凹凸不平并存在孔洞，但表面比较干净。图 5-2 为在扫描电子显微镜下观察的由围场砂混制的含煤粉和冷芯盒树脂砂芯砂粘土砂的完全再生砂的形貌，和原砂一样也选取了两个具有代表性的砂粒 A 和 B。由图 5-2a 和图 5-2b 看出，A、B 两个砂粒表面好似被一层薄薄的蝉衣所包裹，自然形成的凹坑、裂纹等特征被遮蔽，并且在砂粒表面的局部出现了突起的附着物，对附着物进行放大

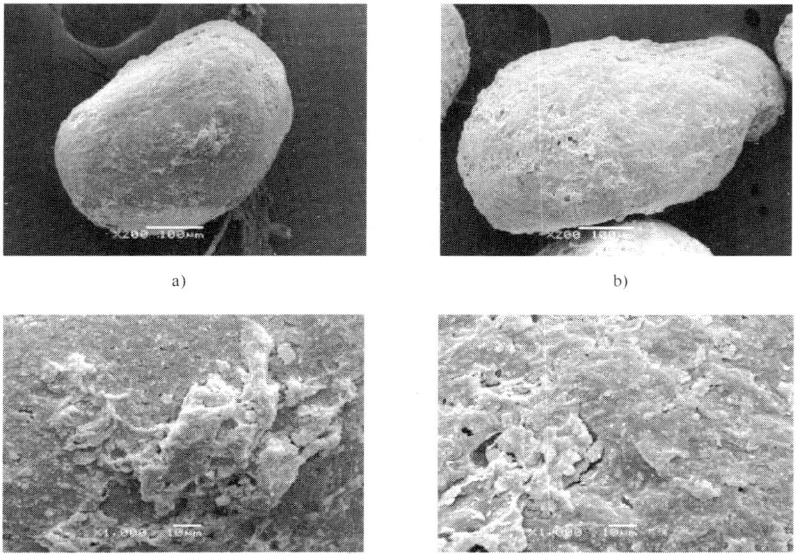

a)　b)　c)　d)

图 5-2　粘土完全再生砂砂粒表面形貌图

a）砂粒 A 全貌图　b）砂粒 B 全貌图　c）砂粒 A 局部放大图　d）砂粒 B 局部放大图

（图 5-2c和图 5-2d）可以看到附着物上存在裂纹及孔洞。依据粘土旧砂完全再生的工艺过程以及上述观察结果，可以推断，在粘土旧砂完全再生过程中，大部分粘附在砂粒平滑表面及突出表面上的粘土在再生时的碰撞和搓擦作用下从砂粒表面剥落，但由于砂粒表面的不平整，有些镶嵌在砂粒表面缝隙及凹坑中的粘土，具有对粘土膜的钉扎作用，使得在再生过程中位于砂粒表面裂纹及凹坑附近的粘土等物质有较多的残留，这些残留的粘土等物质将砂粒表面的自然裂纹及凹坑遮蔽起来，即使在粘土膜被去除的砂粒表面，也留下了粘土和砂粒之间粘结过的痕迹，从而使粘土完全再生砂砂粒表面好似被一层薄薄的蝉衣所包裹。另外由于再生过程是一个随机的砂粒碰撞和搓擦过程，在砂粒表面碰撞和搓擦较弱的部位残留了较多的粘土等附着物，从而成为砂粒表面局部的突起。残留在砂粒表面的粘土等物质不仅使完全再生砂的耗酸值高于同种新砂，而且使再生砂和同种新砂相比砂粒表面受到了“污染”，这种污染是影响粘土完全再生砂混制化学粘结剂型（芯）砂性能的另一个重要原因。

将相同质量的粘土完全再生砂和新砂分别放入相同质量的盐酸水溶液中，砂粒表面的耗酸物质就会和盐酸发生反应生成盐酸盐，这时的盐酸水溶液成为盐酸和盐酸盐的混合水溶液。分别取加入新砂和加入粘土完全再生砂后形成的盐酸和盐酸盐的水溶液进行分析，检测溶液中存在的离子及离子浓度，结果见表5-1。

表5-1　新砂、粘土完全再生砂加入盐酸中形成的盐酸和盐酸盐水溶液的离子浓度

离子名称	新砂加入盐酸中形成的盐酸和盐酸盐水溶液的离子浓度/(mg/L)	粘土完全再生砂加入盐酸中形成的盐酸和盐酸盐水溶液的离子浓度/(mg/L)
Al^{3+}	15.95	38.13
Ca^{2+}	36.54	105.30
Fe^{3+}	3.74	21.81
K^{+}	8.91	8.57
Mg^{2+}	4.21	15.06
Na^{+}	6.00	21.38

铸造用膨润土主要由蒙脱石矿物组成，由于类质同象的广泛存在，使得蒙脱石矿物的成分非常复杂，通过对101个蒙脱石样品进行统计分析，所得到的蒙脱石中各种化学成分的质量分数见表5-2[11]。

表 5-2　蒙脱石的化学组成及各化学成分所占质量分数

成　　分	各成分占蒙脱石质量分数的平均值（%）	各成分占蒙脱石质量分数的变化范围（%）
SiO_2	59.488	51.20~65.00
Al_2O_3	21.934	15.20~34.00
Fe_2O_3	3.770	0.00~13.61
FeO	0.197	0.00~1.61
MgO	3.548	0.09~7.38
CaO	1.176	0.00~4.23
Na_2O	0.824	0.00~3.74
K_2O	0.342	0.00~1.82
TiO_2	0.250	0.00~2.90
H_2O	8.380	5.21~13.75

由表 5-1 可以看出，粘土完全再生砂加入盐酸后形成的盐酸和盐酸盐的水溶液和新砂加入盐酸后形成的盐酸和盐酸盐的水溶液相比，除 K^+ 的离子浓度有所降低外，Al^{3+}、Ca^{2+}、Fe^{3+}、Mg^{2+}、Na^+ 的浓度都大幅度增加。钾可以存在于石英砂中的云母矿物中[12]，由于云母矿物的硬度低，易破碎，在粘土旧砂再生过程中会造成部分云母矿物的破碎粉化，在后续的微粉分离过程中被从砂子中分离出去，使粘土完全再生砂加入盐酸后形成的盐酸和盐酸盐的水溶液中的 K^+ 浓度降低。

粘土完全再生砂再生前由围场砂、膨润土、煤粉、冷芯盒树脂砂芯砂加入适量的水混制而成，由此可以看出，使粘土完全再生砂和新砂相比碱性氧化物增加的途径只有膨润土的混入。将表 5-1 和表 5-2 进行比较发现，引起粘土完全再生砂中碱性氧化物增加的各种化学成分在膨润土的化学组成中全部存在。因此，粘土完全再生砂砂粒表面残留的膨润土是使再生砂中碱性氧化物增加的主要因素。粘土完全再生砂砂粒表面碱性氧化物的增加，不仅使粘土完全再生砂的耗酸值升高，同时也对砂粒表面造成了污染，从而使粘土完全再生砂在混制化学粘结剂型（芯）砂时，其铸造工艺性能不及同种新砂。

5.2 粘土完全再生砂的改性

5.2.1 粘土完全再生砂改性处理的技术路线

由5.1节的分析可知，膨润土在砂粒表面的残留是使粘土完全再生砂混制化学粘结剂型（芯）砂时铸造工艺性能降低的主要因素。要消除残留膨润土对粘土完全再生砂铸造工艺性能的影响，最彻底的解决办法是将残留在砂粒表面的膨润土去除掉。由于砂粒表面自然形成的裂纹、凹坑等对残留膨润土的钉扎作用，采用干法从砂粒表面完全彻底地去除残留的膨润土是不可能的，只能采用擦洗的方法。采用擦洗的方法对粘土完全再生砂进行处理，虽然可以彻底消除残留膨润土对再生砂性能的影响，但是这不仅产生了污水的二次污染，同时也使旧砂再生的成本大幅度增加，使再生砂的再生成本高于同种新砂的价格，而不具有推广和应用价值。因此退而求其次，通过改性剂的介入，将再生砂粒表面的耗酸物质“束缚”起来，降低砂子的耗酸值，同时阻止这些有害物质在混制有机粘结剂型（芯）砂时和树脂或固化剂发生相互作用，为粘结剂在型（芯）砂表面的铺展及粘结桥的形成创造有利条件，以提高改性后粘土完全再生砂的铸造工艺性能，同时对粘土完全再生砂的再生成本没有明显增加，这将是粘土完全再生砂改性处理的一种必然选择。为此，本节将通过向粘土完全再生砂中加入酸性改性剂的方法对再生砂进行改性处理，并研究改性剂、改性时间对再生砂性能的影响，确定适宜的改性剂和改性工艺参数。

5.2.2　粘土完全再生砂的化学改性

以由围场 50/100 石英砂为原材料混制的含煤粉和冷芯盒树脂砂芯砂粘土砂的完全再生砂为研究对象。粘土砂中各组成部分的质量之比为：砂子∶膨润土∶煤粉为 87∶8∶5，水分占混合料质量的 3%，其中砂子中包含原砂和占原砂质量分数 15% 的冷芯盒树脂砂芯砂。以盐酸、硫酸和苯磺酸为溶质分别配制一定浓度的溶液作为改性剂。以改性后粘土完全再生砂的耗酸值低于新砂并接近或小于 5 为控制目标，通过理论计算确定单位质量再生砂改性所需的溶质质量。分别将三种酸加入溶剂中配制成不同浓度的改性剂，在改变改性剂加入量时，加入单位质量再生砂中溶质的质量不发生变化。

取含煤粉和冷芯盒树脂砂芯砂粘土砂的完全再生砂（耗酸值为 12.5），分别向再生砂中加入占砂子质量 1%、2%、3%、4%、5%、6% 的改性剂并混合均匀，然后将这种混合料分别放置 5min、15min、30min 后进行烘干，最后分别测试改性后再生砂的耗酸值，测试结果见表 5-3。

由表 5-3 可知，采用盐酸溶液、硫酸溶液和苯磺酸溶液作为改性剂，对粘土完全再生砂进行改性处理，均使改性后粘土再生砂的耗酸值远低于改性前再生砂的耗酸值。在向单位质量粘土完全再生砂中加入各种改性剂的溶质质量不变的情况下，通过增加溶剂的质量来调整改性剂的浓度，从而将改性剂以占再生砂不同的质量分数加入再生砂中，并未影响改性后再生砂的耗酸值。调整改性后烘干前再生砂的放置时间，也没有影响改性后再生砂的耗酸值。

表 5-3 不同改性剂、改性剂加入量及改性后停留时间下再生砂的耗酸值

改性剂种类		盐酸溶液				硫酸溶液				苯磺酸溶液			
改性后放置时间/min		0	5	15	30	0	5	15	30	0	5	15	30
改性剂溶液占砂子的质量分数（%）	1	4.3	4.1	5.0	4.6	4.9	5.4	3.9	4.1	4.7	4.5	5.3	4.5
	2	4.9	4.4	3.3	4.9	4.3	5.0	4.0	5.3	4.8	3.9	4.2	3.6
	3	5.3	5.5	5.8	4.5	3.7	4.5	6.3	5.7	4.6	5.3	5.1	4.4
	4	4.5	5.2	5.5	6.0	3.7	3.5	5.5	5.0	5.4	5.7	5.8	5.3
	5	5.0	5.7	5.5	5.6	5.1	4.6	4.9	4.9	6.1	5.4	4.8	5.2
	6	4.3	5.1	6.6	6.5	4.5	3.5	4.5	3.9	5.5	5.2	5.9	4.6

5.3 粘土完全再生砂改性后的铸造工艺性能

分别取原砂及改性前后的含煤粉和冷芯盒树脂砂芯砂粘土砂的完全再生砂，分别按照图 3-2 所示的配比及混砂工艺混制冷芯盒树脂砂，出砂后立即制作“8”字抗拉强度试样，在冷芯盒树脂砂试样制备装置中按照吹胺压力和清洗压力 0.2MPa，吹胺时间 8s，清洗时间 20s 的工艺参数吹胺硬化，然后分别测试“8”字试样的即时抗拉强度和 1h 抗拉强度，测试结果见表 5-4～表 5-8。

表 5-4 由原砂和再生砂混制的冷芯盒树脂砂的抗拉强度

砂子的种类	即时抗拉强度/MPa	1h 抗拉强度/MPa
原砂	1.36	1.99
粘土完全再生砂	0.68	1.16

表 5-5 由改性后即时烘干的再生砂混制冷芯盒树脂砂的抗拉强度

改性剂占砂子的质量分数（%）		1	2	3	4	5	6
即时抗拉强度/MPa	①	1.03	1.10	1.15	1.08	1.24	1.26
	②	0.90	1.07	1.21	1.13	1.02	1.23
	③	0.97	1.14	1.07	1.19	1.21	1.11

（续）

改性剂占砂子的质量分数（%）		1	2	3	4	5	6
1h 抗拉强度/MPa	①	1.21	1.30	1.44	1.33	1.45	1.73
	②	1.24	1.45	1.76	1.67	1.54	1.68
	③	1.31	1.37	1.37	1.35	1.42	1.59

① 由盐酸改性的再生砂混制的冷芯盒树脂砂。
② 由硫酸改性的再生砂混制的冷芯盒树脂砂。
③ 由苯磺酸改性的再生砂混制的冷芯盒树脂砂。

表 5-6　由改性后放置 5min 的再生砂混制冷芯盒树脂砂的抗拉强度

改性剂占砂子的质量分数（%）		1	2	3	4	5	6
即时抗拉强度/MPa	①	0.97	1.18	1.32	1.28	1.26	1.29
	②	1.04	1.16	1.14	1.25	1.18	1.22
	③	0.95	1.17	1.14	1.30	1.31	1.21
1h 抗拉强度/MPa	①	1.44	1.48	1.66	1.81	1.69	1.52
	②	1.55	1.56	1.68	1.83	1.69	1.75
	③	1.48	1.76	1.51	1.85	1.76	1.53

① 由盐酸改性的再生砂混制的冷芯盒树脂砂。
② 由硫酸改性的再生砂混制的冷芯盒树脂砂。
③ 由苯磺酸改性的再生砂混制的冷芯盒树脂砂。

表 5-7　由改性后放置 15min 的再生砂混制冷芯盒树脂砂的抗拉强度

改性剂占砂子的质量分数（%）		1	2	3	4	5	6
即时抗拉强度/MPa	①	1.21	1.25	1.24	1.34	1.19	1.28
	②	1.26	1.20	1.19	1.14	1.20	1.16
	③	1.17	1.24	1.10	1.27	1.18	1.25
1h 抗拉强度/MPa	①	1.47	1.63	1.45	1.82	1.65	1.77
	②	1.70	1.64	1.62	1.72	1.63	1.65
	③	1.60	1.55	1.64	1.79	1.63	1.79

① 由盐酸改性的再生砂混制的冷芯盒树脂砂。
② 由硫酸改性的再生砂混制的冷芯盒树脂砂。
③ 由苯磺酸改性的再生砂混制的冷芯盒树脂砂。

表 5-8 由改性后放置 30min 的再生砂混制冷芯盒树脂砂的抗拉强度

改性剂占砂子的质量分数（%）		1	2	3	4	5	6
即时抗拉强度/MPa	①	1.29	1.34	1.27	1.23	1.29	1.15
	②	1.26	1.22	1.26	1.29	1.25	1.34
	③	1.24	1.20	1.26	1.22	1.27	1.17
1h 抗拉强度/MPa	①	1.64	1.61	1.86	1.74	1.75	1.63
	②	1.62	1.61	1.74	1.71	1.54	1.81
	③	1.62	1.63	1.61	1.74	1.84	1.73

① 由盐酸改性的再生砂混制的冷芯盒树脂砂。
② 由硫酸改性的再生砂混制的冷芯盒树脂砂。
③ 由苯磺酸改性的再生砂混制的冷芯盒树脂砂。

由表 5-4～表 5-8 可以看出，采用盐酸溶液、硫酸溶液和苯磺酸溶液作为改性剂对粘土完全再生砂进行改性处理，改性后用再生砂混制冷芯盒树脂砂的抗拉强度没有明显的差异。用改性后再生砂混制冷芯盒树脂砂的即时抗拉强度和 1h 抗拉强度明显高于用不改性再生砂混制的冷芯盒树脂砂的即时抗拉强度和 1h 抗拉强度，但均略低于由同种新砂混制冷芯盒树脂砂的即时抗拉强度和 1h 抗拉强度。随着改性后烘干前再生砂放置时间的延长，由再生砂混制冷芯盒树脂砂的即时抗拉强度和 1h 抗拉强度略有提高，当放置时间达到 15min 后即时抗拉强度和 1h 抗拉强度趋于稳定。在对改性后的再生砂进行即时烘干或放置 5min 烘干的情况下，改性剂加入量占砂子质量的 2% 时，由再生砂混制冷芯盒树脂砂的即时抗拉强度和 1h 抗拉强度趋于稳定。在将改性后的再生砂放置 10min 之后烘干的情况下，改性剂加入量占砂子质量的 1% 时，由再生砂混制冷芯盒树脂砂的即时抗拉强度和 1h 抗拉强度趋于稳定。因此，对含煤粉和冷芯盒树脂砂芯砂粘土砂的完全再生砂可以通过化学改性的方法提高由其混制冷芯盒树脂砂的抗拉强度。

综合考虑改性对再生砂耗酸值和由改性后再生砂混制冷芯盒树脂砂抗拉强度的影响，改性剂适宜加入量为砂子质量的 1%，改性后烘干前的放置时间为 15min。

参 考 文 献

［1］吴殿杰，章舟．呋喃树脂砂铸造生产及应用实例［M］．2 版．北京：化学工业出版社，2012：3.

［2］李远才．覆膜砂及制型（芯）技术［M］．北京：机械工业出版社，2008：31.

［3］唐玉林．圣泉铸工手册［M］．沈阳：东北大学出版社，1999：76~91.

［4］张艳．粘土旧砂完全再生技术的研究［D］．济南：山东建筑大学，2008.

［5］许荣福．含冷（热）芯盒芯砂粘土砂的再生及应用［D］．济南：山东建筑大学，2010.

［6］张维义，孙清洲，张普庆，等．再生粘土砂用于覆膜砂的工艺试验［J］．铸造：2009，58（6）：611-613.

［7］张维义．粘土旧砂再生及再生砂铸造工艺性能的研究［D］．济南：山东建筑大学，2009.

［8］SUN Q Z, XU R F, ZHAO Z K. Reclamation of Green Sand Containing Hot-box Resin Sand and Its Application［J］. Advanced Materials Research, 2010, 97-101: 1037-1040.

［9］张艳，孙清洲，张普庆．再生粘土砂用于水玻璃砂工艺的实验研究［J］．铸造技术，2009，30（5）：618-620.

［10］靳立．粘土完全再生砂改性技术的研究［D］．济南：山东建筑大学，2014.

［11］姜桂兰，张培萍．膨润土加工与应用［M］．北京：化学工业出版社，2005：11.

［12］石德全．造型材料［M］．北京：北京大学出版社，2009：10.

第6章

粘土旧砂高温脆化装置设计

为了节能降耗，粘土旧砂一般采用“部分再生”的生产组织方式。当粘土砂处理系统中旧砂的数量及质量均能满足铸造生产的工艺要求时，粘土旧砂经过图6-1所示的工艺处理过程[1]之后可直接用于铸造生产，这时的粘土砂处理系统就是传统的粘土砂处理系统。当粘土砂处理系统中旧砂的数量超出了系统所能容纳旧砂的能力或旧砂的性能不能满足铸造生产的要求时，砂处理系统都必须排出一部旧砂以保持系统的砂量平衡或排出一部分旧砂并添加部分新砂以保证系统型砂性能的稳定，这时一般在“第二级磁选”后定量加料之前的某一位置设置排砂口，将部分旧砂从砂处理系统中排出，而我们需要再生的部分旧砂就是从砂处理系统排出的这部分旧砂和由筛砂设备排出的废砂。

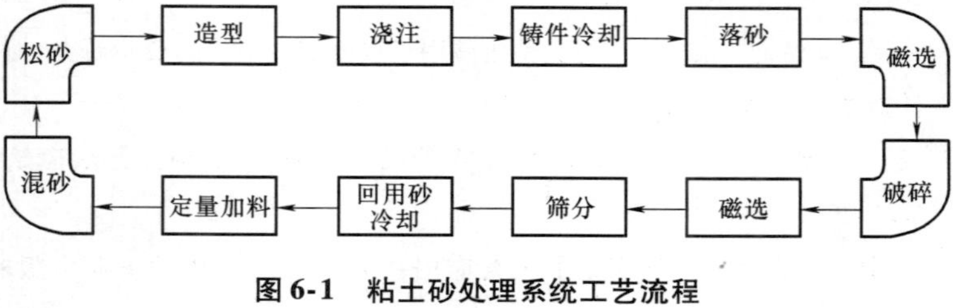

图6-1　粘土砂处理系统工艺流程

从砂处理系统排出的废砂经过了破碎、磁选、筛分等工艺过程，已处于散粒化状态，可直接进行旧砂的再生，而从筛砂设备排出的废砂主要是砂团和芯块，需进行散粒化处理，然后才能进行再生处理，粘土旧砂完全再生系统工艺流程如图 6-2 所示。

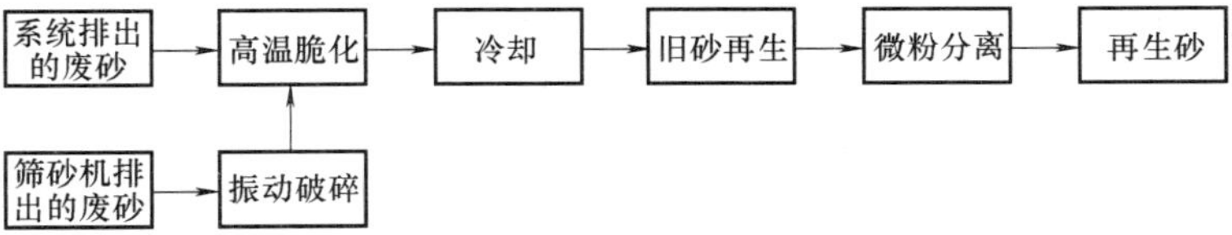

图 6-2　粘土旧砂完全再生系统工艺流程

粘土旧砂完全再生技术在我国的发展仅仅经历了十余年的历史，粘土旧砂完全再生工艺设备作为旧砂再生设备的新兴一族正处于发展阶段，为此将高温脆化装置、脆化旧砂冷却装置、旧砂再生和微粉分离设备的设计方案介绍给大家，以推动粘土旧砂完全再生设备早日实现系列化和标准化。

6.1　粘土旧砂高温脆化装置设计方案

经散粒化的粘土旧砂具有流动性，易堆积，导热性差，要得到温度均匀的脆化旧砂，必须使砂子在加热脆化过程中处于搅动状态，以促进砂粒之间，以及砂粒和热气流之间的均匀换热。使颗粒状物料处于搅动状态的工程措施有以下几种：一是搅拌，二是使砂子自然流动，三是利用滚筒强迫砂子流动，四是利用流化床强迫砂子流动。

搅拌是利用机械搅动作用促使砂子流动的一种方法，可以使砂粒间产生剧烈运动，但是，将机械搅拌装置置于 700℃ 高温环境下，将严重影响机械装置的寿命，从而增加设备维护和保养的费用。

使砂子在重力作用下自然下落，也可得到砂粒间剧烈运动的效果，特别是当使砂子呈雨淋状下落时，其效果更佳。当将砂子呈雨淋状下落过程置于一个加热炉中，可以使热气流和砂粒充分接触，并实现热交换，将砂子加热，但是，利用砂子自由下落过程对其进行加热，必须要确保砂子和热气流有一定的接触时间。当采用一次自由下落结构时，炉子的高度要大，否则将无法保证砂子的加热温度。当在炉子内设置多层分布板，使砂子实现多级自由下落时，可有效延长砂子在炉内的下落时间，降低炉子高度，并保证对砂子的加热效果[2]。对于不含煤粉和有机粘结剂芯砂的粘土砂，可利用带分布板的雨淋式加热炉进行脆化处理，但是，对含煤粉和有机粘结剂芯砂的粘土砂，这种利用砂子自然下落过程进行加热的方式本身存在着一个共同的缺陷，就是在加热过程中，砂流从上向下运动，热气流从下向上运动，砂子刚进入加热炉时温度较低，而到达加热炉下方时温度较高，这对于砂子的加热和提高炉子的热效率是有利的，但是煤粉以及有机芯砂中的低温挥发分在砂子由低温到高温的加热过程中会从煤粉和有机物中析出，并随炉气向上流动，且向上流动的过程，是一个逐渐降温的过程，这部分挥发分被排出炉外，随着烟气温度的降低会粘附到排烟管道上，当温度升高时，这部分析出物会再次挥发，在达到其燃烧温度时会产生爆燃，从而对环境造成污染并给生产过程带来安全隐患。

将砂子加入滚筒内，利用滚筒转动时对砂子的举升作用可以使砂子处于流动状态，当在滚筒内增加举升板时，其流动效果将更加明显。将热气流引入滚筒内，可以实现砂子的高温脆化。从对水泥熟料的煅烧[3]经验可知，要将物料加热到较高的温度，必须确保一定的滚筒长度，这样就会使得加热滚筒的结构过于庞大。

流态化可使砂子处于剧烈的流动状态，并且可以方便地将流化床和加热装置结合起来，形成流态化加热装置。当将排烟口设在高温区时，可使混于烟气中的有机挥发分进行二次燃烧，从而避免了有机挥发分重新凝聚带来的环境污染和安全隐患。因此，粘土旧砂高温脆化装置采用了图 6-3 所示的设计方案。

如图 6-3 所示，工作时砂子从加料口 1 加入炉体 2 内并呈流态化状态向出料口 5 流动。燃烧器将热气流喷入砂层的上方，砂子受到热气流的强烈作用而被加热。工作过程中形成的烟气经高温区进入换热器和流化床工作所需空气进行热交换，然后烟气从换热器排出，预热后的空气进入流化床，从而提高脆化装置的热效率。

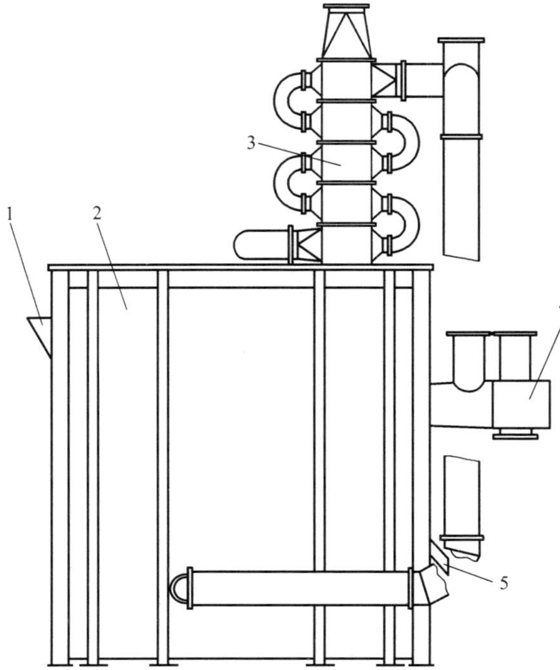

图 6-3　粘土旧砂高温脆化装置技术方案

1—加料口　2—炉体　3—换热器　4—燃烧器　5—出料口

6.2 粘土旧砂高温脆化装置流化床工作参数

在粘土旧砂高温脆化装置中气体和粘土旧砂颗粒形成气-固流化床，因此粘土旧砂高温脆化装置工作参数的确定问题也就变成了流化床工作参数的确定问题。在确定粘土旧砂高温脆化装置工作参数之前，首先利用筛分法和式（2-3）确定粘土旧砂的平均直径 d_p。

6.2.1 临界流化速度 u_{mf}

当流体的流速达到临界流化点时，堆积在流化床床板上的旧砂颗粒开始松动，床层的压降等于单位面积床层上物料所产生的重力，这时流体的流速称为临界流化速度，也是流化床操作的最低速度[4]。临界流化速度可以用实验方法测定，也可以通过计算获得。采用实验方法测定临界流化速度，需要有实验用流化床等专用测试设备及仪器，大部分设计者不具备这个条件，因此建议采用计算法确定流化床临界流化速度。计算流化床临界流化速度应首先计算阿基米德数 A_r，然后计算临界流化状态下的雷诺数 Re_{mf}，最后计算临界流化速度 u_{mf}。

$$A_r = \frac{d_p^3 \rho_g (\rho_s - \rho_g) g}{\mu^2} \tag{6-1}$$

$$Re_{mf} = \sqrt{33.7^2 + 0.0408 A_r} - 33.7 \tag{6-2}$$

$$u_{mf} = \frac{Re_{mf} \cdot \mu}{d_p \cdot \rho_g} \tag{6-3}$$

式中 A_r——阿基米德数，无量纲；

Re_{mf}——临界雷诺数，无量纲；

d_p——粘土旧砂的平均直径，单位为 m；

ρ_g——流化气体（空气）的密度，单位为 kg/m^3；

ρ_s——粘土旧砂的密度，单位为 kg/m^3；

g——重力加速度，单位为 m/s^2；

μ——流化气体（空气）的动力粘度，单位为 Pa · s；

u_{mf}——临界流化速度，单位为 m/s。

式（6-2）可同时适用于层流、过渡流和湍流状态，即 Re_{mf} = 0.001～4000[4]。

6.2.2　带出速度 u_t

当流化床的工作气流速度达到气体对颗粒的曳力与颗粒的重力相等时，颗粒就会被气流带出床外，此时的气流速度称为带出速度，也称为颗粒下落的终端速度。带出速度计算公式与颗粒物料的粒形及雷诺数有关，不同粒形（球形或非球形）及雷诺数区间需采用不同的计算公式。粘土旧砂为非球形颗粒，且粒径较小，一般 Re_t均在 0.05～2000 之间，因此其带出速度的计算式为[5]：

$$u_t = \left[\frac{4}{3} \times \frac{g d_p(\rho_s - \rho_g)}{C_D \rho_g}\right]^{0.5} \tag{6-4}$$

式中　u_t——带出速度，单位为 m/s；

C_D——曳力系数，无量钢，查表 6-1[4]。

表 6-1　非球形颗粒的曳力系数

颗粒球形系数 φ_s	带出状态时的雷诺数　$Re_t = \frac{d_p \rho_g u_t}{\mu}$				
	1	10	100	400	1000
0.670	28	6	2.2	2.0	2.0
0.806	27	5	1.3	1.0	1.1
0.846	27	4.5	1.2	0.9	1.0
0.946	27.5	4.5	1.1	0.8	0.8
1.000	26.5	4.1	1.07	0.6	0.46

粘土旧砂的球形系数一般取0.8。利用式（6-4）和表6-1计算带出速度u_t时采用试算的方法，首先初定带出状态时的雷诺数Re_t，通过查表6-1并通过插入法计算得到曳力系数C_D，然后将C_D代入式（6-4）计算得到带出速度u_t。将计算得到的u_t带入表6-1中的带出状态时的雷诺数计算公式，计算得到带出状态时的雷诺数Re'_t，当Re_t和Re'_t不相等时，重复上述操作，直到前后两次通过初定雷诺数Re_t计算所得到的带出速度差值小于等于0.001时，停止试算，此时的带出速度即为最终确定的带出速度u_t。

6.2.3 操作速度 u_0

一般流化床操作速度和临界流化速度之比为1.5~10[4]，按此计算粘土旧砂的操作速度一般在0.12~0.79 m/s。流化床的操作速度和带出速度之比一般为-0.1~0.4[4]，按此计算粘土旧砂的操作速度为0.22~0.89m/s。在我国，流化床反应器的操作速度一般为0.2~1m/s，铸造旧砂冷却床的操作速度一般为0.23~0.27m/s，综合考虑以上诸因素，取粘土旧砂高温脆化装置的操作速度为0.4m/s。

6.2.4 流化床膨胀比 R

流态化状态床层高度和静止状态下流化床层高度之比称为流化床的膨胀比，其代表着床层的膨胀程度。

$$R=\frac{L_0}{L_{mf}}=\frac{1-\xi_{mf}}{1-\xi_0} \tag{6-5}$$

$$\xi_0=Ar^{-0.21}(18Re_0+0.36Re_0^2)^{0.21} \tag{6-6}$$

$$\xi_{mf}=1-\frac{\rho_b}{\rho_s} \tag{6-7}$$

$$Re_0 = \frac{d_p u_0 \rho_g}{\mu} \tag{6-8}$$

式中　R——流化床的膨胀比，无量纲；

L_0，L_{mf}——分别为操作速度和临界流化速度下的床层高度，单位为 m。静止状态下流化床高度就是临界流化速度下的床层高度 L_{mf}，操作速度下的床层高度 $L_0 = L_{mf} R$；

ξ_0，ξ_{mf}——分别为操作速度和临界流化速度下流化床的空隙率，无量纲；

Re_0——操作状态下的雷诺数，无量纲；

ρ_b——粘土旧砂的堆积密度，单位为 kg/m^3。

6.2.5　流化床压力降 Δp

流化床压力降 Δp 由流化床分布板压力降 Δp_d 和流化床床层压力降 Δp_b 两部分组成[4-6]。

$$\Delta p = \Delta p_d + \Delta p_b \tag{6-9}$$

$$\Delta p_d = \varepsilon \frac{u_0^2 \rho_g}{2\alpha^2} \tag{6-10}$$

$$\frac{\Delta p_b}{L_{mf}} = 150 \frac{(1-\xi_{mf})^2}{\xi_{mf}^3} \cdot \frac{\mu u_{mf}}{(\Phi_s d_p)^2} + 1.75 \frac{1-\xi_{mf}}{\xi_{mf}^3} \cdot \frac{\rho_g u_{mf}^2}{\Phi_s d_p} \tag{6-11}$$

式中　Δp——流化床压力降，单位为 Pa；

Δp_d——流化床分布板压力降，单位为 Pa；

Δp_b——流化床床层压力降，单位为 Pa；

ε——阻力系数，无量纲，一般 $\varepsilon = 1.5 \sim 2.5$；

α——流化床分布板的开孔率，无量纲，一般 $\alpha = 0.4\% \sim 1.4\%$，在铸造行业一般取 $\alpha = 1\%$。

6.3 粘土旧砂高温脆化装置流化床结构参数

6.3.1 流化床的基本尺寸

1. 床型

粘土旧砂高温脆化装置中的流化床为非传质热交换流化床，在结构形式上可以采用多层流化床或单层流化床，本设计中采用了单层流化床结构，粘土旧砂从一端加入，从相对的另一端流出，加热装置位于料层上方料层和炉体形成的炉膛内。

2. 床层高度

流化床床层高度一般为0.3～1.5m，铸造行业流化床高度一般取0.5m。

3. 流化床内物料量 *M*

$$M = W_s t \tag{6-12}$$

$$W_s = \frac{G}{3600} \tag{6-13}$$

式中 M——流化床内物料量，单位为kg；

W_s——粘土旧砂的进料流量，单位为kg/s；

t——粘土旧砂在流化床内的停留时间，单位为s，取$t=900$s；

G——粘土旧砂高温脆化装置的生产率，单位为kg/h。

4. 流化床分布板面积 *F*

$$F = \frac{M}{H_J \cdot \rho_b} \tag{6-14}$$

式中 F——流化床分布板面积，单位为m^2；

H_J——静止状态下流化床的床层高度，单位为m，$L_{mf} = H_J$。

5. 流化床长度和宽度

$$F = BL \tag{6-15}$$

式中　B——流化床分布板宽度，单位为 m；

L——流化床分布板长度，单位为 m。

在确定流化床分布板长度和宽度时，要考虑砌体结构的影响，使分布板长度和宽度满足砌体模数的要求，同时兼顾砂子在炉内停留时间及加热的均匀性，合理确定流化床分布板的长宽比。

6.3.2 流化床结构设计的一般要求

1. 粘土旧砂高温脆化装置的砌体材料

对于工作温度大于 500℃ 的流化床，采用钢制流化床不太经济，可采用普通钢制外壳，然后在内壁用耐火材料浇注或砌筑的方法制造炉体。当操作温度大于 900℃ 时，一般采用耐火砖砌筑流化床内衬，酸性气氛时采用酸性耐火砖，碱性气氛时采用碱性耐火砖。粘土旧砂高温脆化装置的出砂温度为 700℃，炉膛工作温度为 700 ~ 1000℃，在设计中选用砌筑式炉体内衬。

2. 进料口和出料口位置

进料口一般位于流态化后物料的波动线之上，出料口应在流态化后物料波动线之下。

3. 流化床内部构件

流化床内部主要构件为分布板，当采用整体式分布板时，分布板的安装方式应尽量使在相对的方向上一端不受约束，能自由伸缩。当采用分段制造的分布板时，在两块分布板的连接处应设置伸缩缝。根据此项要求，粘土旧砂高温脆化装置的流化床分布板采用多段插接式结构，每两块分布板之间以及分布板和炉子砌体之间无固定连接，以满足热膨冷缩的要求。

6.3.3 流化床分布板开孔排列方式和孔间距

流化床分布板开孔的排列方式有三角形、方形和同心圆形。其中正三角形排列是最常用的排列方式。在粘土旧砂高温脆化装置中分布板采用了如图6-4所示的正三角形开孔排列方式，以风帽上开孔的总面积作为流体的控制面积。图6-4中S为孔间距，D_s为风帽外径，d_r为风帽进风口直径。

$$S = 0.952 d_{or} \left(\frac{n_{or}}{\alpha} \right)^{0.5} \tag{6-16}$$

式中 S——流化床分布板上的孔间距，单位为mm；

d_{or}——风帽上开小孔直径，单位为mm；

n_{or}——每个风帽上的开孔数，无量纲。

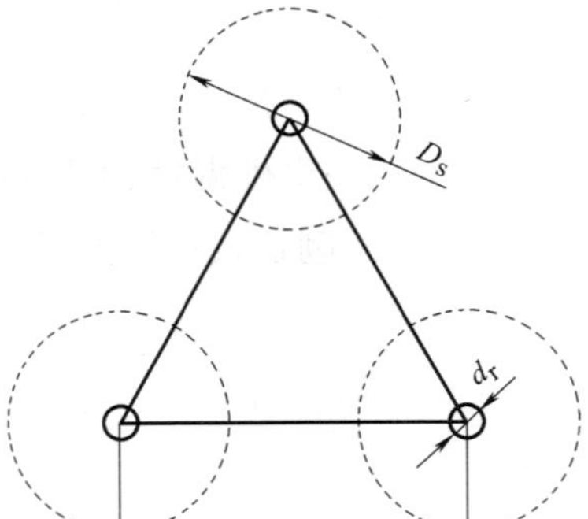

图6-4 流化床分布板开孔排列方式

在确定流化床分布板上开孔的孔间距时，一般S/D_s取1.5～1.75，$d_r \geqslant d_{or} n_{or}$，同时考虑分布板开孔率$\alpha$。

6.3.4 流化床加料口及卸料口尺寸

流化床加料口尺寸计算借鉴松散物料从容器中流出时物料流

量的计算方法[5]。

$$W_s = 0.02268\left(\frac{d_J}{25.4}\right)^{2.93} \tag{6-17}$$

式中　d_J——加料口直径，单位为 mm。

取流化床卸料口形状为矩形，其高度为 $h_0 - h_1$，宽度为 W，则各参数满足式（6-18）：

$$W_s = \frac{2}{3}WC'_D\left(1 - \frac{k_w d_p}{W}\right)\rho_b\sqrt{2g}\times h_0^{1.5}\left[1 - \left(1 - \frac{h_1}{h_0}\right)^{1.5}\right] \tag{6-18}$$

式中　C'_D——排料系数，无量纲，取 $C'_D = 0.28$；

h_0——流态化后料层上表面到卸料口下沿的距离，单位为 m；

h_1——流态化后料层上表面到卸料口上沿的距离，单位为 m；

W——卸料口宽度，单位为 m；

k_w——颗粒直径修正系数，无量纲，取 $k_w = 2.5$。

卸料口上沿位于流化后料层的上表面之下，这时卸料量稳定。利用式（6-18）计算流化床卸料口尺寸时，先初定 h_1，使其略低于流化后料层的上表面，然后采用试算的方法确定 h_0 和 W，最终确定流化床卸料口的断面尺寸。

6.4　粘土旧砂高温脆化装置热平衡计算

1. 砂子吸收的热量 Q_1

$$Q_1 = (1 - f)GC_s(T_1 - T_0) \tag{6-19}$$

式中　Q_1——砂子吸收的热量，单位为 kJ/h；

f——粘土旧砂中泥分含量的质量分数，无量纲，一般 f = 14% ~ 18%；

C_s——砂子的比热容，单位为 kJ/(kg·K)；

T_1——脆化后粘土旧砂的温度，单位为 K，$T_1 = 973\text{K}$；

T_0——粘土旧砂高温脆化装置工作的环境温度，单位为 K，取 $T_0 = 293\text{K}$。

2. 水分蒸发所需热量 Q_2

$$Q_2 = Q_{w1} + Q_{w2} + Q_{w3} \tag{6-20}$$

$$Q_{w1} = f_1 G(C_{100} \times 373 - C_{20} \times 293) \tag{6-21}$$

$$Q_{w2} = f_1 G C_q \tag{6-22}$$

$$Q_{w3} = f_1 G(T_g C_g - 100 C_{g100}) \tag{6-23}$$

式中 Q_2——水分蒸发所需热量，单位为 kJ/h；

Q_{w1}——将水从 20℃加热到 100℃所需的热量，单位为 kJ；

Q_{w2}——将 100℃水变为 100℃水蒸气所需热量，单位为 kJ；

Q_{w3}——将 100℃水蒸气加热到烟气排放温度所需热量，单位为 kJ；

f_1——粘土旧砂中水分含量的质量分数，无量纲，一般 $f_1 = 1\% \sim 2\%$；

C_{100}——水在 100℃时的比热容，单位为 kJ/(kg·K)，$C_{100} = 4.214\text{kJ/(kg·K)}$；

C_{20}——水在 20℃时的比热容，单位为 kJ/(kg·K)，$C_{20} = 4.183\text{kJ/(kg·K)}$；

C_q——水的汽化潜热，单位为 kJ/kg，$C_q = 2257.2\text{kJ/kg}$；

T_g——粘土旧砂高温脆化装置烟气排放温度，单位为 K，取 $T_g = 573\text{K}$；

C_g——水蒸气在烟气排放温度下的比热容，单位为 kJ/(kg·K)；

C_{g100}——水蒸气在 100℃时的比热容，单位为 kJ/(kg·K)，$C_{g100} = 2.135\text{kJ/(kg·K)}$。

3. 泥分吸收的热量 Q_3

泥分的主要组成是砂子破碎后形成的微粒、粘土、死粘土、煤粉及铸造过程中因煤粉受热而形成的碳状物质，其中碳状物约占粉尘含量的 1/4 ~ 1/3。因碳状物受热后会燃烧并放热，因此在计算泥分吸热时，没有考虑此部分粉尘的吸热问题，而将其视为发热物质另行计算。

$$Q_3 = \lambda f(1-f_1)GC_n(T_1-T_0) \tag{6-24}$$

式中 Q_3——泥分吸收的热量，单位为 kJ/h；

λ——除碳状物质外粉尘占泥分总量的质量分数，无量纲，$\lambda = 3/4 \sim 2/3$；

C_n——泥分的比热容，单位为 kJ/(kg · K)。

4. 炉壁对外散失的热量 Q_4

按照工业炉炉体外表面温度标准，当炉内温度为 700℃时，侧墙外表面控制温度 65℃，炉顶外表面控制温度 80℃[6]。粘土旧砂高温脆化装置加热砂子的温度为 700℃，因此平衡炉温取 800℃。为提高炉子的热效率，炉体外表面控制温度取 65℃。炉体传热模型如图 6-5 所示，炉墙采用两层结构，内层为耐火粘土砖，外层为硅藻土砖。图 6-5 中 T_2 为炉膛内壁温度，$T_2 = 1073\text{K}$，T_3 为两层耐火材料接触面温度，T_4 为炉子外壁温度，$T_4 = 338\text{K}$。

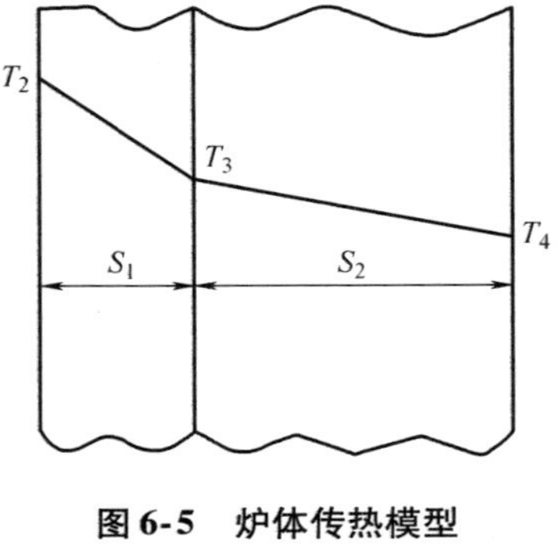

图 6-5 炉体传热模型

耐火粘土砖的热导率 λ_1 为：

$$\lambda_1 = 0.84 + 0.58 \times 10^{-3}\left(\frac{T_2 + T_3}{2}\right) \tag{6-25}$$

密度为（500 ± 50）kg/m³ 的硅藻土砖热导率 λ_2 为：

$$\lambda_2 = 0.105 + 0.233 \times 10^{-3}\left(\frac{T_3 + T_4}{2}\right) \tag{6-26}$$

传导热流密度 q 为：

$$q = \frac{T_2 - T_4}{\dfrac{S_1}{\lambda_1} + \dfrac{S_2}{\lambda_2}} \tag{6-27}$$

$$Q_4 = 3.6 \sum A_{4\mathrm{i}} \cdot q \tag{6-28}$$

$$A_{4\mathrm{i}} = \sqrt{A_{内\mathrm{i}} \cdot A_{外\mathrm{i}}} \tag{6-29}$$

式中　λ_1——耐火粘土砖的热导率，单位为 W/(m·K)；

λ_2——硅藻土砖的热导率，单位为 W/(m·K)；

T_2——脆化装置炉膛内壁温度，单位为 K，$T_2 = 1073\mathrm{K}$；

T_3——耐火粘土砖和硅藻土砖界面温度，单位为 K；

T_4——脆化装置外壁温度，单位为 K，$T_4 = 338\mathrm{K}$；

S_1——耐火粘土砖层厚度，单位为 m；

S_2——硅藻土砖层厚度，单位为 m；

q——传导热流密度，单位为 $\mathrm{W/m^2}$；

Q_4——炉壁对外散失的热量，单位为 kJ/h；

$A_{4\mathrm{i}}$——脆化装置 i 单元的计算换热面积，单位为 $\mathrm{m^2}$；

$A_{内\mathrm{i}}$——脆化装置 i 单元的内表面积，单位为 $\mathrm{m^2}$；

$A_{外\mathrm{i}}$——脆化装置 i 单元的外表面积，单位为 $\mathrm{m^2}$。

在计算炉壁对外散失的热量时，其散热面积包括侧墙、炉顶、炉底及炉门的面积。为方便计算可将炉体分割为若干个形状规则的计算单元，然后利用式（6-28）和式（6-29）进行计算。

5. 进料口及卸料口散失的热量 Q_5

$$Q_5 = 3.6 C_0 \left(\frac{T_\mathrm{L}}{100}\right)^4 A_5 \psi \phi \tag{6-30}$$

式中　Q_5——进料口及卸料口对外散失的热量，单位为 kJ/h；

C_0——黑体辐射系数，W/($m^2 \cdot K^4$)，$C_0 = 5.675 W/(m^2 \cdot K^4)$；

A_5——进料口及卸料口总断面积，单位为 m^2；

T_L——炉内平衡温度，单位为 K，$T_L = 1073K$；

ϕ——遮蔽系数，无量纲，查图 6-6[7]；

ψ——进料口、卸料口开启时间比，无量纲。进料口、卸料口在脆化装置工作时全过程开启，$\psi = 1$。

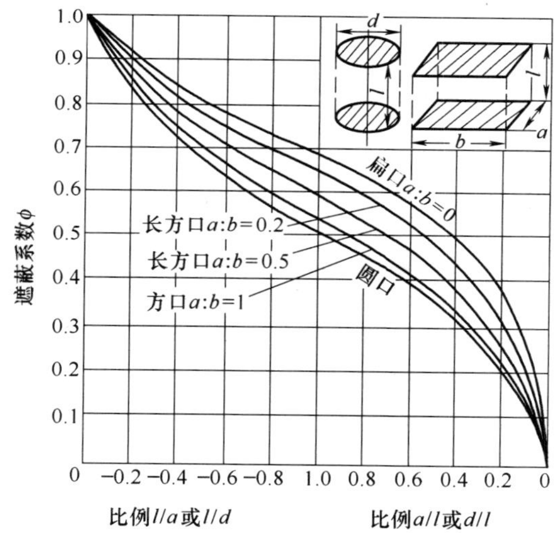

图 6-6　通过进料口、卸料口辐射时的遮蔽系数 ϕ

6. 烟气带走的热量 Q_6

粘土旧砂高温脆化装置的烟气由三部分组成，其一是燃料燃烧产生的烟气；其二是旧砂中的有机物燃烧产生的烟气，主要是煤粉燃烧产生的烟气；其三是使流化床工作而鼓入的空气和旧砂中煤粉反应后剩余部分转变成的烟气，这部分烟气的主要组成仍为空气，按照热空气进行烟气排放的计算。

（1）燃料燃烧产生烟气带走的热量 Q_{6a}

$$Q_{6a} = (1 - f_R) B_R V_R C_R (T_g - T_0) \tag{6-31}$$

式中　Q_{6a}——燃料燃烧产生烟气带走的热量，单位为kJ/h；

f_R——机械不完全燃烧系数，无量纲，对气体燃料$f_R=0.01\sim0.02$；

B_R——燃料消耗量，单位为Nm^3[⊖]/h；

C_R——离炉烟气平均比热容，单位为kJ/($Nm^3\cdot K$)；

V_R——单位燃料燃烧生成气量，单位为Nm^3/Nm^3，根据所采用燃料的不同而不同，当采用天然气为燃料时：

$$V_R=\alpha_R L_R+0.38+\left(\frac{0.018}{1000}Q_R\right) \tag{6-32}$$

$$L_R=\frac{0.264}{1000}Q_R+0.02 \tag{6-33}$$

式中　α_R——气体燃料燃烧的空气系数，无量纲，$\alpha_R=1.05\sim1.1$；

L_R——单位燃料燃烧理论空气消耗量，单位为Nm^3/Nm^3；

Q_R——天然气的低发热量，单位为kJ/Nm^3，$Q_R=34500\sim41870kJ/Nm^3$。

（2）旧砂中煤粉燃烧产生烟气带走的热量Q_{6b}

$$Q_{6b}=B_M(1-f_M)V_M C_R(T_g-T_0) \tag{6-34}$$

$$B_M=\frac{1}{4}(1-f_1)G \tag{6-35}$$

$$V_M=\frac{0.21}{1000}Q_M+1.65(\alpha_M-1)L_M \tag{6-36}$$

$$L_M=\frac{0.24}{1000}Q_M+0.5 \tag{6-37}$$

式中　Q_{6b}——旧砂中煤粉燃烧产生烟气带走的热量，单位为kJ/h；

B_M——旧砂中的煤粉含量，单位为kg；

f_M——煤粉不完全燃烧系数，无量纲，$f_M=0.03\sim0.05$；

⊖　标准立方米，是在0摄氏度1个标准大气压下的气体体积。

V_M——单位质量煤粉燃烧生成烟气量，单位为 Nm^3/kg；

α_M——煤粉燃烧的空气系数，无量纲，$\alpha_M = 1.15 \sim 1.25$；

L_M——单位质量煤粉燃烧所需空气量，单位为 Nm^3/kg；

Q_M——煤粉的低发热量，单位为 kJ/kg，$Q_M = 23030 \sim 29310$kJ/kg。

（3）流化床工作气体带走的热量 Q_{6c}

流化床工作时的操作速度为 u_0，流化床床板面积为 F，则流化床工作所需空气量 V_K 为：

$$V_K = 3600 u_0 F \tag{6-38}$$

式中　V_K——流化床工作所需空气量，单位为 m^3/h。

用于流化床工作的空气，一部分和粘土旧砂中的煤粉发生反应成为煤粉燃烧所产生烟气的一部分，剩余部分直接转变成为烟气，因此流化床工作所需空气带走的热量 Q_{6c} 为：

$$Q_{6c} = (V_K - B_M L_M)(C_{Kg} T_g - C_{KY} T_Y) \tag{6-39}$$

式中　Q_{6c}——流化床工作气体带走的热量，单位为 kJ/h；

C_{Kg}——离炉空气比热容，单位为 $kJ/(Nm^3 \cdot K)$；

C_{KY}——空气在预热温度下的比热容，单位为 $kJ/(Nm^3 \cdot K)$；

T_Y——空气预热温度，单位为 K。

烟气带走的热量 Q_6 为：

$$Q_6 = Q_{6a} + Q_{6b} + Q_{6c} \tag{6-40}$$

式中　Q_6——烟气带走的热量，单位为 kJ/h。

7. 脆化炉燃料消耗量 B_R

根据热平衡原理，脆化炉在工作时燃料燃烧所产生的热量应和加热砂子所需热量及各种热损失相平衡。燃料燃烧产生的热量由两部分组成，一部分是燃气燃烧所产生的热量，另一部分为旧砂中的煤粉燃烧所产生的热量，则热平衡方程为：

$$B_{R}Q_{R}(1-f_{R})+B_{M}Q_{M}(1-f_{M})=Q_{1}+Q_{2}+Q_{3}+Q_{4}+Q_{5}+Q_{6} \tag{6-41}$$

将各量代入式（6-41），通过求解方程可求得脆化炉燃料消耗量 B_R。

8. 炉门隔热计算

为方便脆化装置内部构件的维护，粘土旧砂高温脆化装置设置了检修门。脆化装置正常工作时，检修门始终处于关闭状态，只有在脆化装置停止工作进行检修时才开启。检修门采用在钢结构上衬硅酸铝耐火纤维毡的结构，硅酸铝耐火纤维毡的密度为160kg/m³，其热导率 λ_M 为：

$$\lambda_{M}=0.035+0.234\times10^{-6}T_{M}^{2} \tag{6-42}$$

$$S_{M}=\frac{\lambda_{M}(T_{M}-T_{W})}{q_{W}} \tag{6-43}$$

式中 λ_M——密度为160kg/m³时硅酸铝耐火纤维毡的热导率，单位为W/(m·℃)；

T_M——硅酸铝耐火纤维毡的工作温度，单位为℃，$T_M=800℃$；

S_M——硅酸铝耐火纤维毡的厚度，单位为m；

T_W——检修门外壁温度，单位为℃，$T_W=65℃$。

6.5 粘土旧砂高温脆化装置烟气换热器设计

为提高粘土旧砂高温脆化装置的热效率，在排烟口设置了烟气换热器，用脆化装置所产生的高温烟气加热流化床工作所需空气，从而提高脆化装置流态化所需空气的温度，降低烟气的排放温度，使脆化装置的热效率得以提高。

6.5.1 粘土旧砂高温脆化装置所产烟气量 V_Z

粘土旧砂高温脆化装置所产烟气由三部分组成，其一为燃气燃烧所产烟气，其二为旧砂中的煤粉燃烧所产烟气，其三为用于流化床工作的空气转化而成的烟气。

$$V_Z = V_M B_M + V_R B_R + V_K - B_M L_M \tag{6-44}$$

式中　V_Z——粘土旧砂高温脆化装置所产烟气量，单位为 Nm^3/h。

6.5.2　粘土旧砂高温脆化装置烟气换热器基本参数

1. 换热器管束的基本参数

粘土旧砂高温脆化装置烟气换热器采用列管式结构，烟气从列管外侧垂直于管道的轴线流动，空气在管道内侧平行于管道轴线流动，通过管壁实现烟气和空气之间的热交换。列管管束采用错排方式，排列形式如图 6-7 所示。图 6-7 中 S_3 等于$\sqrt{3}d$，S_4 等于 $2d$（d 为管子外径），最外侧管子中心到换热器壁的距离为 d，则管束的最多排列列数 n_L 为[8]：

$$n_L = \frac{L_H}{S_4} \tag{6-45}$$

式中　n_L——管束的最多列数，无量纲；

L_H——换热器的长度，单位为 m；

S_4——换热管水平间距，单位为 m。

管束的行数和其他参数的关系为：

$$\frac{1}{4}\pi d_N^2 n_H (n_L - 0.5) v_{HK} = v_K \frac{T_g + T_0}{2T_0} \tag{6-46}$$

式中　n_H——管束的行数，无量纲；

d_N——换热管内径，单位为 m；

v_{HK}——换热管内气体的流速，单位为 m/s，$v_{HK} = 5 \sim 30$m/s。

利用式（6-45）和式（6-46）进行计算时，应初选换热管外径、壁厚和换热管内气体流速，然后将各量代入式中即可求得 n_L 和 n_H。

2. 烟气的流动速度

由图6-7可以看出，换热管呈等边三角形布置，当烟气在换热管外部垂直于管束从下向上运动时，其管子数量多的一排管子外壁间形成的气流通道成为节流面积，则烟气流动速度为：

$$v_{HY}=\frac{V_Z}{3600n_L db_H} \tag{6-47}$$

式中 v_{HY}——换热器中烟气的流速，单位为m/s；

d——换热管外径，单位为m；

b_H——换热器宽度，单位为m。

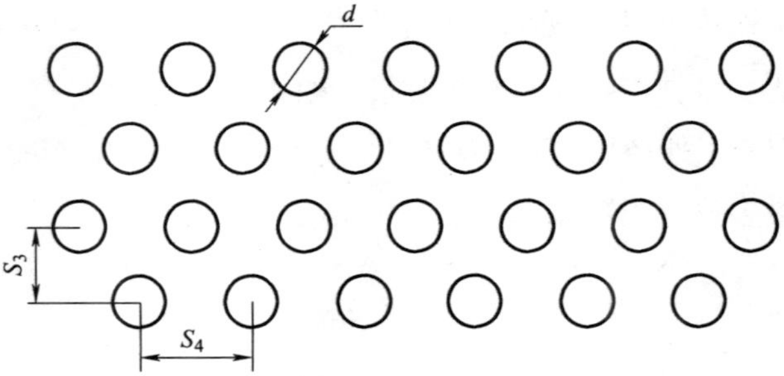

图6-7 换热器管束排列图

3. 烟气流过管束的对流换热

烟气垂直于换热管轴线流动，换热器由10排以上的管子组成，且S_1/d和S_2/d均小于3，气体对管束平均对流换热准数的实验公式为：

$$Nu=C_u Re_Y^n \tag{6-48}$$

$$Re_Y=\frac{v_{HY}d}{\mu_Y} \tag{6-49}$$

$$\alpha_0=\frac{Nu\lambda_Y}{d} \tag{6-50}$$

式中 Nu——烟气垂直流过管束对流换热的努谢尔准数，无量纲；

C_u——系数，无量纲，$C_u = 0.466$；

n——系数，无量纲，$n = 0.566$；

Re_Y——烟气流过换热器时的雷诺数，无量纲；

μ_Y——烟气的运动粘度，单位为 m^2/s；

α_0——对流换热系数，单位为 $W/(m^2 \cdot K)$；

λ_Y——烟气的热导率，单位为 $W/(m \cdot K)$。

烟气流过换热器时，放出的热量为：

$$Q_B = 3.6\alpha_0(T_{YP} - T_K)A \tag{6-51}$$

式中　Q_B——烟气流过换热器时放出的热量，单位为 kJ/h；

T_{YP}——烟气的平均温度，单位为 K，$T_{YP} = T_g + T_L$；

T_K——预热空气的平均温度，单位为 K，$T_K = T_Y + T_0$；

A——换热面积，单位为 m^2，$A = \pi d(n_L - 0.5)n_H b_H$。

4. 空气流过管束时吸收的热量

空气从管束内流动时，一般为紊流状态，通过对流换热从管壁吸收热量而被预热，其努谢尔准数 Nu_f、雷诺数 Re_N 及对流换热系数 α_f 分别为：

$$Nu_f = 0.023Re_f^{0.8}Pr_f^{0.4} \tag{6-52}$$

$$Re_N = \frac{V_{HK}d_N}{\mu_f} \tag{6-53}$$

$$\alpha_f = \frac{Nu_f\lambda_f}{d_N} \tag{6-54}$$

式中　Nu_f——空气和管壁对流换热的努谢尔准数，无量纲；

Re_N——空气流过换热管时的雷诺数，无量纲；

Pr_f——普兰特准数，无量纲，从有关手册中查取；

μ_f——空气在预热平均温度时的运动粘度，单位为 m^2/s；

α_f——对流换热系数，单位为 $W/(m^2 \cdot K)$；

λ_f——空气在预热平均温度时的热导率，单位为 $W/(m \cdot K)$。

空气通过换热器吸收的热量为：

$$Q_X = 3.6\alpha_f(T_{YP} - T_K)A_N \tag{6-55}$$

式中 Q_X——空气通过换热器吸收的热量，单位为 kJ/h；

A_N——换热面积，单位为 m^2，$A_N = \pi d_N^2(n_L - 0.5)\ n_H b_H/4$。

式（6-52）适用于 $Pr = 0.7 \sim 200$，$Re_N > 10000$，换热管长度 $L_G > 50d_N$的情况下，如果 $L_G < 50d_N$，应将计算所得的 α_f值乘以校正系数 ε，其值见表 6-2[6]。为了既满足换热器对换热面积的要求，同时又满足换热器对换热管长度的要求，在设计时将换热器分段制造，安装方式如图6-1 所示，各段叠加安装，换热管串联连接。在利用式（6-55）和式（6-51）进行计算时 $Q_X = Q_B$，同时综合考虑换热器对换热面积、换热管长度、换热管内气流速度以及粘土旧砂脆化装置对换热器外形结构的要求，通过试算的方法，即可确定换热器相关参数。

表 6-2　紊流时换热系数修正值 ε

Re_f	L_G/d_N								
	1	2	5	10	15	20	30	40	50
1×10^4	1.65	1.50	1.34	1.23	1.17	1.13	1.07	1.03	1
2×10^4	1.51	1.40	1.27	1.18	1.13	1.10	1.05	1.02	1
5×10^4	1.34	1.27	1.18	1.13	1.10	1.08	1.04	1.02	1
1×10^5	1.28	1.22	1.15	1.10	1.08	1.06	1.03	1.02	1
1×10^6	1.14	1.11	1.08	1.05	1.04	1.03	1.02	1.01	1

6.6　炉架设计

炉架由侧支柱、前后支柱、支柱拉杆、拱脚梁、炉外钢板（炉壳）及固定炉子附属构件的各类钢结构组成。炉架横拉杆与侧支柱顶板以及纵拉杆与前后支柱顶板用焊接或螺栓连接。侧支柱间距一般为 1~2m，当炉体选用耐火纤维等轻质炉衬时取上限。支柱下端可采用直接埋入地下基础的固定方法，其埋入深度不小于支柱型钢截面高度的 1~1.5 倍，也可以采用通过地脚螺栓安装在基础上的方法，此时基础应埋入地下，其埋入深度以柱脚肋板不露出地面为宜。支柱拱脚梁的放置位置应使其受力中心与拱顶的水平推力相吻合。炉外墙钢板的厚度一般为 3~5mm，小型炉子取下限，炉墙高度大于 6m 的特大型炉子、采用不定形耐火材料捣打或浇注炉衬的大型炉子取上限。

1. 拱顶水平推力 *P*

粘土旧砂高温脆化装置炉顶采用拱形结构，其拱顶水平推力 P 为：

$$P = 5k_1 k_2 L_C (V_n \rho_n + V_g \rho_G) \tag{6-56}$$

式中 P——最大柱间距处拱顶水平推力，单位为 N；

k_1——温度系数，无量纲，当炉子工作温度低于 900℃ 时，$k_1 = 2$；

k_2——拱顶中心角 θ 修正系数，无量纲，$\theta = 90°$时，$k_2 = 1.207$；

L_C——侧支柱最大间距，单位为 m；

V_n——每米拱耐火材料的体积，单位为 m^3；

V_g——每米拱隔热材料的体积，单位为 m^3；

ρ_n——耐火材料的密度，单位 kg/m^3，本设计炉衬采用耐火粘土砖，$\rho_n = 2070kg/m^3$；

ρ_G——隔热材料的密度，单位为 kg/m^3，本设计采用硅藻土砖 $\rho_G = 500kg/m^3$。

2. 侧支柱设计

炉架支柱一般由两根槽钢或工字钢组成，当拱顶水平推力较小或支柱的垂直载荷较小时，也可采用单根槽钢或工字钢支柱。

本设计中，支柱下端采用地脚板 4 个螺栓固定，因此支柱可视为上端简支、下端固定结构，受力及弯矩如图 6-8 所示，侧支柱所受最大弯矩 M_{max}、柱脚承受弯矩 M 及上端拉杆所受拉力 F_1，下端柱脚所受力 F_2 为[6,9]：

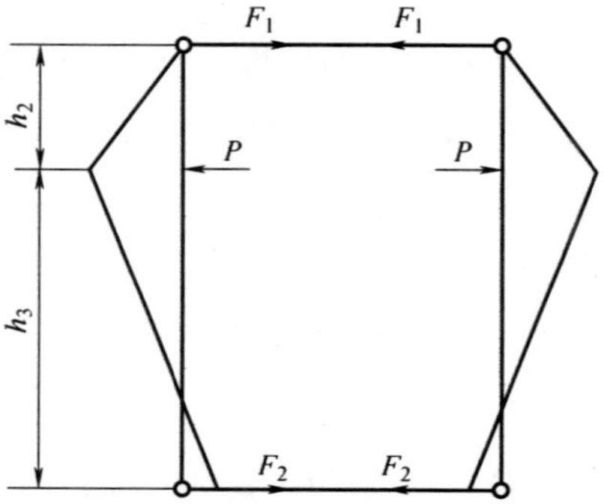

图 6-8　侧支柱受力及弯矩图

$$M_{max}=P\frac{h_2^2h_3}{2(h_2+h_3)^2}\left(3-\frac{h_2}{h_2+h_3}\right) \tag{6-57}$$

$$M_J=P\frac{h_2h_3}{2(h_2+h_3)}\left(1+\frac{h_2}{h_2+h_3}\right) \tag{6-58}$$

$$F_1=P\frac{h_2^2}{2(h_2+h_3)^2}\left(3-\frac{h_2}{h_2+h_3}\right) \tag{6-59}$$

$$F_2=P\frac{h_3}{2(h_2+h_3)}\left[3-\left(\frac{h_3}{h_2+h_3}\right)^2\right] \tag{6-60}$$

式中　M_{max}——侧支柱最大弯矩，单位为 N · m；

h_2——拱脚梁到柱顶距离，单位为 m；

h_3——拱脚梁到柱脚底部距离，单位为 m；

M_J——柱脚承受弯矩，单位为 N · m；

F_1——侧支柱顶部所受拉力（拉杆所受拉力），单位为 N；

F_2——侧支柱柱脚所受力，单位为 N。

根据计算所得侧支柱最大弯矩，利用参考文献 6、9 确定支柱断面尺寸、结构及地脚螺栓尺寸。在粘土旧砂高温脆化装置中，前后支柱的工作环境和侧支柱相似，因此前后支柱可采用和侧支柱相同的计算方法及结构。

3. 支柱上端拉杆截面积 A_L

$$A_L = \frac{F_1}{100[\sigma]} \tag{6-61}$$

式中　A_L——支柱上端拉杆截面积，单位为 cm^2；

$[\sigma]$——拉杆材料的许用应力，单位为 MPa。

4. 拱脚梁计算

拱脚梁所受最大弯矩为：

$$M_L = \frac{PL_C}{8} \tag{6-62}$$

式中　M_L——拱脚梁所受最大弯矩，单位为 N · m；

L_C——侧支柱最大柱间距，单位为 m。

利用式（6-62）的计算结果，可在参考文献 6 中查得拱角梁的断面尺寸。

6.7　风机选择

风机选择包含两部分内容，一是风压的选择，二是风量的选择。分别计算风机的风压及风量，然后根据所需风量及风压选择风机。粘土旧砂高温脆化装置有两台风机，一台是为燃烧器供风的风机，根据燃烧器所需风量及风压乘上相应系数即可，计算简单，在此不予赘述；另一台是为脆化装置流化床供风的风机，既要满足流化床所需风量要求，同时又要满足流化床工作所需的压力要求，计算过程复杂，在此主要介绍流化床所用风机的选择。

1. 风机的风量 V_F

$$V_F = f_F V_K \tag{6-63}$$

式中 V_F——风机的风量，单位为 m^3/h；

f_F——风量系数，无量纲，$f_F = 1 \sim 1.05$。

2. 风机风压 P_F

$$P_F = f_P(\Delta P_d + \Delta P_b + \Delta P_q + \Delta P_{HR} + \Delta P_H) \tag{6-64}$$

式中 P_F——风机所需风压，单位为 Pa；

ΔP_q——从风机到换热器之间的总压力降，单位为 Pa；

ΔP_{HR}——换热器总压力降，单位为 Pa；

ΔP_H——从换热器到流化床之间的总压力降，单位为 Pa；

f_P——风压系数，无量纲，$f_P = 1.05 \sim 1.1$。

ΔP_q、ΔP_{HR}、ΔP_H包括了沿程压力损失和局部压力损失，在计算时可根据各部分的实际结构参阅流体力学及通风除尘的相关资料进行。

参考文献

[1] 陈士梁. 铸造机械化 [M]. 2 版. 北京：机械工业出版社，1997：146.

[2] 孙清洲，王献忠，许荣福，等. 旧砂再生加热炉：中国，200920271247. 1 [P]. 2010-8-25.

[3] 朱昆泉，许林发. 建材机械工程手册 [M]. 武汉：武汉工业大学出版社，2000：369-461.

[4] 吴占松，马润田，汪展文. 流态化技术基础及应用 [M]. 北京：化学工业出版社，2006.

[5] 郭慕孙，李洪钟. 流态化手册 [M]. 北京：化学工业出版社，2008.

[6] 王秉铨. 工业炉设计手册 [M]. 2 版. 北京：机械工业出版社，1996.

［7］化学工程手册编辑委员会. 化学工程手册 5［M］. 北京：化学工业出版社，1989.
［8］钱颂文. 换热器设计手册［M］. 北京：化学工业出版社，2002.
［9］机械化运输设计手册编委会. 机械化运输设计手册［M］. 北京：机械工业出版社，1997.

第 7 章

粘土旧砂完全再生其他工艺设备设计

实验证明，采用高温脆化 + 脆化旧砂冷却 + 强力机械再生 + 微粉分离实现粘土旧砂完全再生是可行的。在进行粘土旧砂完全再生成套设备设计过程中，考虑到在粘土旧砂完全再生每一工艺过程都是一个对颗粒物料进行处理的过程，因此粘土旧砂完全再生系统各工艺设备均选用流化床为承载构件，所以在介绍粘土旧砂完全再生其他工艺设备设计的过程中，凡涉及流化床设计计算的内容，在第6章已经介绍，在本章将不再赘述，本章只介绍各工艺设备设计过程中所独立涉及的内容。

7.1　脆化旧砂冷却装置设计

7.1.1　脆化旧砂冷却装置工作原理

工业上常用的颗粒状物料冷却装置主要有冷却滚筒、普通流化床、水冷流化床以及各种带密筋或不带密筋散热片的多管冷却器。借鉴本课题组前期的研究成果，从设备制造、生产管理和冷却效果等方面进行综合考虑，脆化旧砂冷却装置采用了水冷流化床的技术方案，其结构如图 7-1 所示。

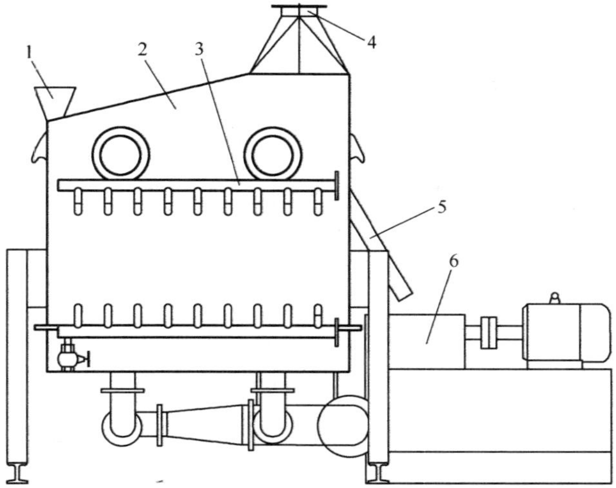

图 7-1　脆化旧砂冷却装置

1—加料口　2—床体　3—冷却水管　4—排尘口　5—卸料口　6—风机

由图 7-1 可知，脆化旧砂冷却装置由流体床、床内水冷却器、风机等组成。工作时脆化后的旧砂从加料口 1 加入床体 2 内，由风机 6 鼓入的空气使砂子在流化床内呈流态化状态并从加料口 1 向卸料口 5 流动，在此过程中，砂子和由风机 6 鼓入的空气进行对流换热，同时和流化床内的水冷换热器之间进行传导换热，砂子得到了冷却，流化工作所需的空气和砂子换热后从排尘口排出，经除尘后排入大气，砂子传给水冷换热器的热量由冷却水带出。

7.1.2　脆化旧砂冷却装置流化床类型及面积的确定

1. 床型

冷却装置在工作过程中，有传热过程发生，从空气和砂子对流换热的角度考虑，采用多层流化床时空气和砂子的接触时间长，对砂子的冷却是有利的，但同时也带来了一些问题，一是多层流化床要求风机的风压高，且随流化床层数的增加，风机的风压成倍增加；二是增加了冷却过程中物料的落差。因此，综合考虑以上诸因素，脆化旧砂冷却装置采用了单层流化床的形式。为增强对旧砂的冷却效果在流化床内布设了换热器。

2. 流化床内物料存量 M

$$M = W_s t \tag{7-1}$$

式中 M——流化床内物料存量，单位为 kg；

W_s——脆化旧砂冷却装置工作时的进料量，单位为 kg/s，和粘土旧砂高温脆化装置的进料流量相同；

t——砂子在脆化旧砂冷却装置中停留的时间，单位为 s，$t = 180$s。

3. 流化床的面积

$$F = \frac{Mn}{H_{mf}\rho_b} \tag{7-2}$$

式中 F——流化床的面积，单位为 m^2；

n——安全系数，考虑到换热器在床内占用的面积及对物料流动的影响，取 $n = 3 \sim 4$；

H_{mf}——临界流化床高度，单位为 m，一般 $H_{mf} = 0.5$m；

ρ_b——砂子的堆积密度，单位为 kg/m^3，可通过对脆化后的旧砂进行实际测量而获得。

7.1.3 脆化旧砂冷却装置换热器结构形式的确定

脆化旧砂冷却的实质就是把脆化后旧砂所具有的热能通过换热器传递给冷却介质，从而降低脆化后旧砂的温度。流化床换热器常用结构形式有两种，一是夹套式换热器，二是管式换热器。图 7-2 所示为夹套式换热器的结构原理图，流化床外壁上焊有夹套，冷却水从夹套内通过，需冷却的砂子从流化床内通过，砂子和床壁之间进行传导换热，冷却水和床壁间进行对流换热，冷却水最终将砂子的热量带出流化床，砂子得到了冷却。夹套式换热器结构简单，夹套不占据床层空间，对物料的流动不产生不利影响，但物料和夹套间的接触面积小，换热效果差，因此脆化旧砂冷却装置未采用此类结构。管式换热器根据其结构特征不同分为单管式、套管式、U 形管式、鼠笼式、排管式和蛇管式[1]。单管式换热器由进水分配管、集液管及分别和两管相连的单个换热管组成，结构简单，但和物料接触的换热面积较小。套管式换热器的换热元件是一个内外套装的管子，冷却水从分配管分别进入各换热元件的中心管，再从中心管的端部流入中心管和外套管之间的环隙，与床层内物料换热后进入汇集管，结构复杂，与物料接触的换热面积和单管式相似。U 形管式换热器由进水分配管、集液管及分别和两管相连的 U 形换热管组成，结构简单，和物料接触的换热面积比单管式和套管式大。鼠笼式、排管式换热器由进水分配管、集液管及分别和两管相连的鼠笼状或成排管状换热元件组成，结构复杂，焊缝多，但和物料接触的换热面积较大。蛇管式换热器由进水分配管、集液管及分别和两管相连的蛇形换热管组成，结构简单，和物料接触的换热面积大，但蛇形管加工工艺复杂。在综合分析各种管式换热器特点的基础上，考虑到脆化旧砂冷却装置中的换热器既要和物料间有较大的接触面积，又要加工制造方便，最终脆化旧砂冷却装置中的换热器采用了组合式 U 形管结构，其结构原理如图 7-3 所示。

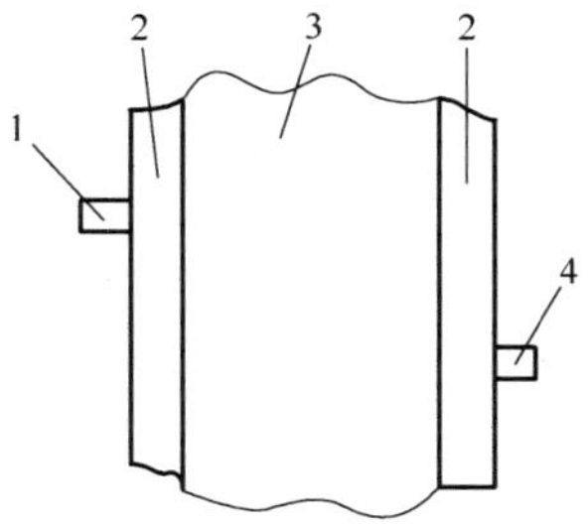

图 7-2　流化床夹套式换热结构

1—进水口　2—夹套

3—流化床板　4—出水口

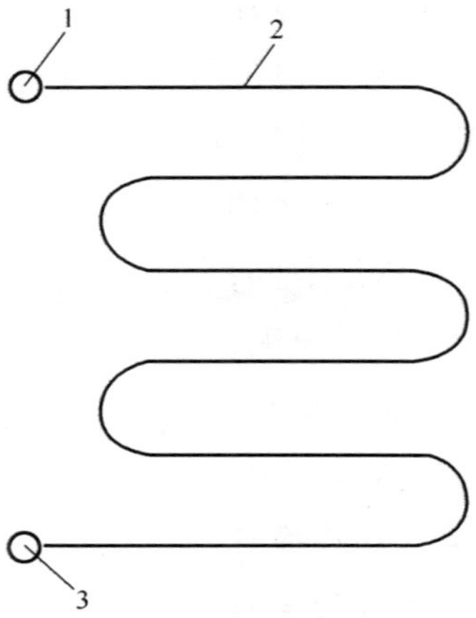

图 7-3 组合 U 形管换热器原理

1—汇集管 2—组合 U 形管 3—分配管

由图 7-3 可知，组合 U 形管换热器由汇集管、多个组合 U 形管和分配管组成。组合 U 形管换热器和物料的接触面积大，结构简单，制造方便。工作时将组合 U 形换热管埋于砂层之中，砂子和管壁间进行热传导，然后通过管内的冷却水将热量带走，砂子得到了冷却。设计中可以通过增减组合 U 形换热管的数量来调节总换热面积，确保对脆化旧砂的冷却效果。

7.1.4 脆化旧砂冷却装置换热计算

1. 脆化旧砂冷却装置总换热量 Q

在设计中忽略脆化旧砂冷却装置通过壳体向外界散失的热量以及流化床工作气体所带走的热量，假定脆化后旧砂所有的热量全部通过脆化旧砂冷却装置中的换热器经冷却水带走，将脆化旧砂从 700℃冷却至 30℃时，总换热量 Q 为:

$$Q = Q_1 + Q_2 \qquad (7\text{-}3)$$

式中　Q——脆化旧砂冷却装置总换热量，单位为 kJ；

Q_1——砂子在冷却过程中放出的热量，单位为 kJ；

Q_2——砂子中泥分在冷却过程中放出的热量，单位为 kJ。

$$Q_1=(1-f)GC_S(T_J-T_C) \tag{7-4}$$

$$Q_2=\lambda fGC_n(T_J-T_C) \tag{7-5}$$

式中　G——脆化旧砂冷却装置的生产率，单位为 kg/h；

C_S——砂子的比热容，单位为 kJ/(kg · K)；

f——粘土旧砂中泥分含量的质量分数，无量纲，一般 $f=14\%\sim18\%$；

λ——非碳状粉尘占泥分总量的质量分数，无量纲，$\lambda=3/4\sim2/3$；

T_J——脆化后旧砂进入冷却装置时的温度，单位为 K，$T_J=973\text{K}$；

T_C——脆化后旧砂离开冷却装置时的温度，单位为 K，$T_C=308\text{K}$；

C_n——泥分的比热容，单位为 kJ/(kg · K)；

2. 换热系数的计算

在脆化旧砂冷却装置中，每一组 U 型组合换热管视为一组水平直列管束，可利用 Vreedenberg 关联式计算其换热系数。

当 $\dfrac{d_R\rho_f u_f}{\mu}<2050$ 时

$$\frac{\alpha_D d_R}{\lambda_f}=0.66\left(\frac{C_{Pf}\mu}{\lambda_f}\right)^{0.3}\left(\frac{d_R\rho_f u_f}{\mu}\cdot\frac{1-\xi}{\xi}\right)^{0.44} \tag{7-6}$$

当 $\dfrac{d_R\rho_f u_f}{\mu}>2500$ 时

$$\frac{\alpha_D d_R}{\lambda_f}=420\left(\frac{C_{Pf}\mu}{\lambda_f}\right)^{0.3}\left(\frac{d_R\rho_f u_f}{\mu}\cdot\frac{\rho_s}{\rho_f}\cdot\frac{\mu^2}{d_P^3\rho_s^2 g}\right)^{0.3} \tag{7-7}$$

式中 α_D——流态化脆化旧砂对换热管的传热系数，单位为 $W/(m^2 \cdot K)$；

d_R——换热管的外径，单位为 m；

λ_f——空气在某一组换热管所处位置温度条件下的热导率，单位为 $W/(m \cdot K)$；

C_{Pf}——空气的比定压热容，单位为 $J/(kg \cdot K)$；

μ——空气在某一组换热管所处位置温度条件下的动力粘度，单位为 $Pa \cdot s$；

ρ_f——流化气体（空气）的密度，单位为 kg/m^3；

ρ_s——脆化后旧砂的密度，单位为 kg/m^3；

u_f——脆化旧砂冷却装置的操作速度，单位为 m/s；

ξ——脆化旧砂冷却装置流化床的空隙率，无量纲。

当 R_e 在 2050 和 2500 之间时，取由式（7-6）和式（7-7）计算结果的平均值。

3. 脆化旧砂冷却装置换热器换热面积计算

按照脆化旧砂冷却装置设计的要求，脆化后旧砂从 700℃冷却至 35℃所释放出的热量将全部由换热器通过冷却水带走，脆化后旧砂所释放出的热量就是换热器所吸收的热量。设在流化床分布板长度范围内均匀布置 n 组 U 形组合换热管。工作时脆化后的旧砂从加料口加入冷却装置，砂子和组合 U 形换热管之间进行热交换，砂子的温度降低。在砂子从加料口向出料口流动的过程中，每通过一个组合 U 形换热管，砂子的温度就降低一次，假设在脆化旧砂冷却装置横断面上砂子温度分布均匀，在轴线方向砂子在经过每个组合 U 形换热管时降温梯度相同，沿脆化旧砂冷却装置轴线方向，从加料口到出料口方向第 i 个组合 U 形换热管处砂子的温度 T_{Wi} 为：

$$T_{wi} = 973 - 938\left(\frac{i}{n+1}\right) \tag{7-8}$$

式中　T_{wi}——第 i 个组合 U 形换热管处砂子的温度，单位为 K；

n——脆化旧砂冷却装置中具有组合 U 形换热管的个数，无量纲。

第 i 个组合 U 形换热管带走的热量 q_{Ui} 为：

$$q_{Ui} = \alpha_{Di}(T_{Wi} - T_b)A \tag{7-9}$$

式中　q_{Ui}——第 i 个组合 U 形换热管带走的热量，单位为 kJ；

α_{Di}——脆化后旧砂颗粒对第 i 个组合 U 型换热管的传热系数，单位为 $W/(m^2 \cdot K)$；

T_b——组合 U 形换热管的温度，单位为 K，取 $T_b = 303K$；

A——一个组合 U 形换热管的换热面积，单位为 m^2，为方便计算并保证脆化旧砂冷却装置的冷却效果，在计算组合 U 形换热管的换热面积时只计算与流化床板平行管子的换热面积。

组合 U 形换热器带走的总热量 q_Z 为：

$$q_Z = Q = \sum_{i=1}^{n} \alpha_{Di}(T_{Wi} - T_b)A \tag{7-10}$$

式中　q_Z——组合 U 形换热器带走的总热量，单位为 kJ。

由式（7-10）计算得到一个组合 U 形换热管的换热面积后，依据流化床固定床时的床层高度、流化床宽度，初定组合 U 形换热管的结构并采用试算的方法确定管子的外径。

4. 冷却水用量的计算

冷却水的作用是将砂子传给组合 U 形换热器的热量带走，因此其带走的热量应为脆化旧砂冷却装置的总换热量 Q。取冷却水的进水温度为 15℃，出水温度为 30℃，则所需冷却水的总量为：

$$W_W = \frac{Q}{15C_w} \tag{7-11}$$

式中 W_W——组合U形换热器所需冷却水总量，单位为kg/h；

C_w——水的比热容，单位为kJ/(kg·℃)。

5. 组合U形换热器和冷却水之间的换热量

组合U形换热器的作用表现在两个方面，其一是吸收脆化旧砂的热量，换热量可通过式（7-3）和式（7-9）计算；其二是将吸收的热量传递给冷却水。组合U形换热器只有同时完成上述两项工作，才能完成脆化旧砂冷却的任务。因此，在计算脆化旧砂传给换热器的热量后，还要计算由换热器传给冷却水的热量，在此基础上确定换热面积A，换热管外径d_R和换热管内径d_N，方能保证换热器工作可靠。

组合U形换热器和冷却水之间的换热是管内受迫流动对流换热问题，当$1.5 < Pr_f < 500$；$2300 < Re_f < 10^6$；$0.05 < Pr_f/Pr_w < 20$时，其换热系数计算式为[2]：

$$Nu_f = 0.012(Re_f^{0.87} - 280)Pr_f^{0.4}\left[1 + \left(\frac{d_N}{L_g}\right)^{2/3}\right]\left(\frac{Pr_f}{Pr_w}\right) \tag{7-12}$$

式中 Nu_f——努谢尔准数，无量纲；

Re_f——雷诺数，无量纲，$Re_f = \frac{u_N d_N}{\nu_w}$；

Pr_f——冷却器进口和出口断面温度下冷却水普朗特准数的平均值，无量纲；

Pr_w——管壁温度下冷却水的普朗特准数，无量纲；

d_N——换热管内径，单位为m，$d_N = d_R - 2\delta$，其中δ为换热管的壁厚；

L_g——一个组合U形换热管的长度，单位为m；

ν_w——冷却水的运动粘度，单位为m^2/s。

7.2　多排磨轮再生机设计

7.2.1　多排磨轮再生机设计方案

多排磨轮再生机设计方案如图 7-4 所示。由图 7-4 可知，以流化床为承载构件，磨轮的轴线垂直于流化床的轴线，旧砂从加料口加入后，呈流态化状态的砂粒自加料口向出料口流动，在此过程中旧砂必须经过由四排磨轮组成的四道“屏障”。当旧砂从磨轮处通过时，磨轮对砂子产生强烈的摩擦和抛击作用，使砂粒之间、砂粒和设备之间、砂粒和磨轮之间产生强烈的碰撞和搓擦，旧砂

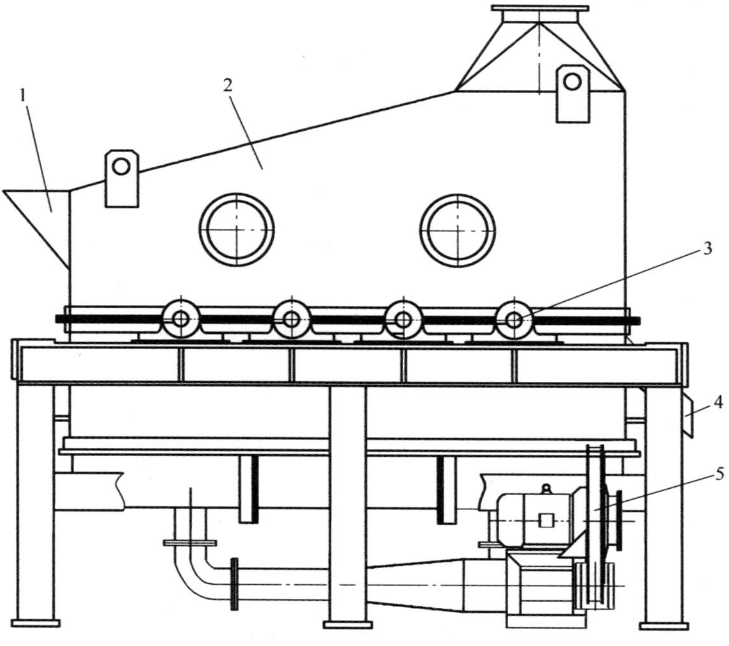

图 7-4　多排磨轮再生机设计方案

1—进料口　2—上床体　3—磨轮轴　4—出料口　5—风机

得到了再生。为了延长旧砂在再生机内停留的时间以增强旧砂再生的效果，在每两排磨轮之间设有垂直的上隔板，两个上隔板中间设垂直的下隔板，这样一方面可使被磨轮抛起的旧砂和隔板产生撞击，以增强对旧砂的再生强度，同时砂子在从加料口向出料口流动过程中需从上、下隔板所形成的通道内呈波浪形前进，延长了砂子在设备内的再生时间。另外，砂子在流化床中处于流态化状态，又进一步增加了砂粒间的碰撞和搓擦，强化了对旧砂的再生作用，同时流化床还有强烈去除微粉的作用，使部分再生过程中产生的微粉在旧砂的再生过程被去除，降低了对后续微粉分离设备的工作压力。

7.2.2 磨轮工作所消耗的功率

为了确保旧砂再生的质量，旧砂在再生机内停留的时间较长，这就要求再生机要有适宜的长度，为此多排磨轮再生机在长度方向布置了四排磨轮，每排磨轮由单独的电动机驱动。磨轮是再生机的主要工作部件，工作时和砂粒之间产生强烈的摩擦作用，对其耐磨性有着较高的要求，为此磨轮在结构上采用了在金属基体表面堆焊硬质合金颗粒的设计方案，一方面硬质合金颗粒对金属基体起到保护作用，以延长磨轮的使用寿命，另一方面硬质合金颗粒又是和砂子进行摩擦的磨料，对砂粒表面的粘结剂膜有磨削作用，提高了再生机的工作效率，单排磨轮系统的结构如图 7-5 所示。磨轮通过密封环 9、轴套 8、分隔轴套 5 和圆螺母固定在磨轮轴 6 上，磨轮 4 和磨轮轴 6 之间用键联结，磨轮轴由轴承 2 支撑，工作时电动机通过皮带轮驱动磨轮高速回转。

多排磨轮再生机属连续工作设备，工作时所消耗的功率主要用于克服砂子和磨轮之间的摩擦以及传动系统的摩擦。为了计算工作中磨轮系统所消耗的功率，进行如下假设并建立数学模型：

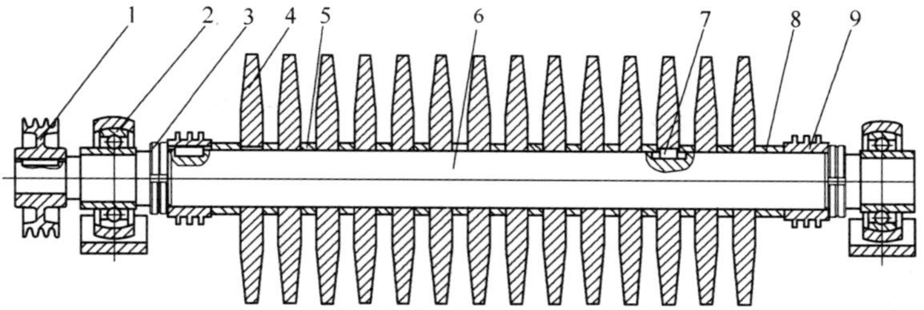

图 7-5　磨轮系统结构

1—皮带轮　2—轴承　3—圆螺母　4—磨轮　5—分隔轴套
6—磨轮轴　7—键　8—轴套　9—密封环

一是磨轮和砂子之间只有摩擦功率消耗；二是磨轮浸于流态化的砂子之中，砂子和磨轮之间的摩擦系数不变，摩擦力与流态化的砂子和磨轮间的接触压力成正比；三是流态化的砂子等同于密度均匀的流体；四是工作时磨轮的转速和磨轮间距选取得当，砂子可进入两磨轮之间直至和两磨轮之间分隔套的外表面接触，但摩擦功率消耗忽略不计；五是在计算磨轮侧面所消耗摩擦功率时，按磨轮的侧面垂直于磨轮的轴线计算。这样磨轮工作时所消耗的功率由磨轮圆周面和砂子摩擦所消耗的功率、磨轮侧面和砂子摩擦所消耗的功率及磨轮传动系统所消耗的摩擦功率三部分组成。磨轮摩擦功率计算的数学模型如图 7-6 所示。图中点画线所示为流态化后砂子的料位，D_M为磨轮的直径，D_T为磨轮隔套直径，H_S为磨轮轴到流化后床层表面的距离。为了方便计算，将磨轮在床层内的部分分为Ⅰ、Ⅱ、Ⅲ、Ⅳ四个区域，其中Ⅰ、Ⅱ区消耗的摩擦功率相等，Ⅲ、Ⅳ区消耗的摩擦功率相等，因此只计算Ⅰ、Ⅳ区消耗的摩擦功率然后乘以 2 即得到磨轮所消耗的摩擦功率。

1. 磨轮在Ⅰ区圆周面上所消耗的摩擦功率 W_1

在Ⅰ区圆周上任取一点，连接该点和圆心，其连线与磨轮水

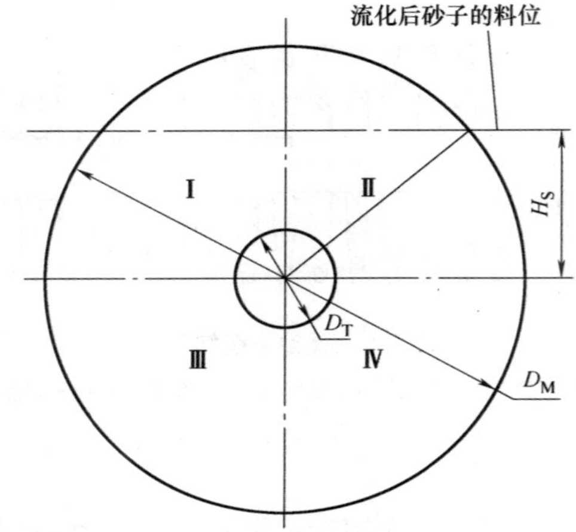

图 7-6 磨轮摩擦功率计算数学模型

平中心线的夹角为 φ，在切点增加一个角度 $d\varphi$，磨轮和砂子在Ⅰ区圆周面上 $d\varphi$ 角度内摩擦消耗的微功 dW_1 为：

$$dW_1 = \frac{D_M^2 \pi \omega B f_S \rho_S \left(H_S - \frac{D_M}{2}\sin\varphi \right)}{760R} d\varphi$$

$$W_1 = \int_0^{\theta} \frac{D_M^2 \pi \omega B f_S \rho_S \left(H_S - \frac{D_M}{2}\sin\varphi \right)}{760R} d\varphi \qquad (7\text{-}13)$$

式中 W_1——磨轮在Ⅰ区圆周面上所消耗的摩擦功率，单位为 W；

D_M——磨轮直径，单位为 m；

ω——磨轮的回转角速度，单位为 rad/s；

B——磨轮圆周面的宽度，单位为 m；

f_S——流态化的砂子和磨轮之间的摩擦系数，无量纲；

ρ_S——砂子的密度，单位为 kg/m^3；

H_S——磨轮水平中心线到流化后床层表面的距离，单位为 m；

φ——在Ⅰ区磨轮表面的任意一点和磨轮中心的连线与磨轮水平中心线的夹角，单位为°；

R——流化床的膨胀比，无量纲；

θ——流化后床层表面在Ⅰ区和磨轮圆周的交点与磨轮中心的连线与磨轮水平中心线的夹角，$\theta=\arcsin(2H_S/D_M)$。

2. 磨轮在Ⅳ区圆周面上所消耗的摩擦功率 W_2

在Ⅳ区圆周上任取一点，连接该点和圆心，其连线与磨轮水平中心线的夹角为 ψ，在访点增加一个角度 $d\psi$，磨轮和砂子在Ⅳ区圆周面上 $d\psi$ 角度内摩擦消耗的微功 dW_2 为：

$$dW_2=\frac{D_M^2\pi\omega Bf_S\rho_S\left(H_S+\frac{D_M}{2}\sin\psi\right)}{760R}d\psi$$

$$W_2=\int_0^{90}\frac{D_M^2\pi\omega Bf_S\rho_S\left(H_S+\frac{D_M}{2}\sin\psi\right)}{760R}d\psi \tag{7-14}$$

式中　W_2——磨轮在Ⅳ区圆周面上所消耗的摩擦功率，单位为 W；

ψ——Ⅳ区磨轮圆周上任意一点与磨轮中心的连线与磨轮水平中心线的夹角，单位为°。

3. 磨轮在Ⅰ区侧面上所消耗的摩擦功率 W_3

在Ⅰ区范围内任取一点，连接该点和圆心，其距离为 r，r 与磨轮水平中心线的夹角为 φ，在 r 处增加 dr 和 $d\varphi$，则磨轮侧面 dr、$d\varphi$ 形成区域与砂子之间摩擦消耗的微功 dW_3 为：

$$dW_3=\frac{\pi r^2\omega f_S\rho_S(H_S-r\sin\varphi)}{180R}drd\varphi$$

$$W_3=\int_0^{\theta}\left[\int_{\frac{D_T}{2}}^{\frac{D_M}{2}}\frac{\pi r^2\omega f_S\rho_S(H_S-r\sin\varphi)}{180R}dr\right]d\varphi \tag{7-15}$$

式中　W_3——磨轮在Ⅰ区侧面上所消耗的摩擦功率，单位为 W；

r——Ⅰ区内磨轮侧面上任意一点到磨轮中心的距离，单位为 m；

D_T——磨轮间隔套的直径，单位为 m。

4. 磨轮在Ⅳ区侧面上消耗的摩擦功率 W_4

在Ⅳ区范围内任取一点，连接该点和圆心，其距离为 r，r 与磨轮水平中心线的夹角为 ψ，在 r 处增加一个 dr 和 dψ，则磨轮侧面 dr、dψ 形成区域与砂子之间摩擦消耗的微功 dW_4 为：

$$\mathrm{d}W_4 = \frac{\pi r^2 \omega f_S \rho_S (H_S + r\sin\psi)}{180R}\mathrm{d}r\mathrm{d}\psi$$

$$W_4 = \int_0^{90}\left[\int_{\frac{D_T}{2}}^{\frac{D_M}{2}} \frac{\pi r^2 \omega f_S \rho_S (H_S + r\sin\psi)}{180R}\mathrm{d}r\right]\mathrm{d}\psi \qquad (7\text{-}16)$$

式中 W_4——磨轮在Ⅳ区侧面上所消耗的摩擦功率，单位为 W。

5. 单排磨轮和砂子摩擦所消耗的功率 W_D

$$W_D = 2N[(W_1 + W_2) + 2(W_3 + W_4)] \qquad (7\text{-}17)$$

式中 W_D——单排磨轮和砂子摩擦所消耗的功率，单位为 W；

N——每排磨轮的个数，无量纲。

6. 单排磨轮所需驱动电动机功率 W_J

磨轮轴采用带座外球面球轴承支撑，由电动机通过窄 V 带驱动，其驱动电动机的功率 W_J 为：

$$W_J = \frac{W_D}{1000 f_V f_G} \qquad (7\text{-}18)$$

式中 W_J——单排磨轮驱动电动机的功率，单位为 kW；

f_V——窄 V 带的传动效率[3]，无量纲，取 $f_V = 0.96$；

f_G——带座外球面球轴承传动效率[3]，无量纲，取 $f_G = 0.98$。

7.3 粘土再生砂微粉分离装置

粘土再生砂微粉分离装置采用流化床为承载构件，将流化床的工作速度控制在使砂子产生流态化但同时能实现粉状物料输送的速度范围之内，从而达到从再生砂中去除微粉的目的，其结构如图 7-7 所示。工作时砂子从进料口 1 进入微粉分离装置的机体内分布在流化床板上，风机 5 向流化床内鼓入工作气流，使其操作速度控制在 0.8 ~ 0.95m/s[4]，砂子和空气充分接触，粘土再生砂处于流态化状态，从进料口向出料口流动，再生砂中的微粉处于输送床状态，从砂子中分离出来，通过除尘口 3 被气流带走。粘土完全再生砂微粉分离装置是一个流化床，除操作速度和其他粘土旧砂完全再生设备中流化床的操作速度不同外，其他结构参数的设计及计算与第 6 章介绍的方法相同，因此不再赘述。

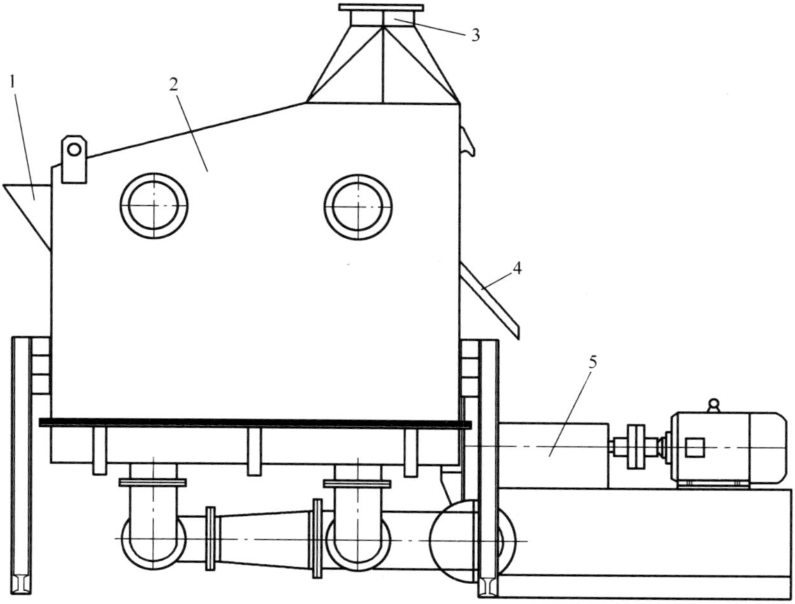

图 7-7　微粉分离装置

1—进料口　2—机体　3—除尘口　4—出料口　5—风机

参考文献

[1] 郭慕孙，李洪钟. 流态化手册［M］. 北京：化学工业出版社，2008：338-339.

[2] 章熙民，朱彤，安青松，等. 传热学［M］. 6版. 北京：中国建筑工业出版社，2014：151-164.

[3] 成大先. 机械设计手册［M］. 北京：化学工业出版社，2002.

[4] 张艳. 粘土旧砂完全再生技术的研究［D］. 济南：山东建筑大学，2008.